『通古察今』系列丛书

上古天文学的起源

武家璧 著

河南人民出版社

图书在版编目(CIP)数据

上古天文学的起源 / 武家璧著. —郑州 : 河南人民出版社, 2019.12(2024.5 重印)
("通古察今"系列丛书)
ISBN 978-7-215-12015-0

Ⅰ. ①上… Ⅱ. ①武… Ⅲ. ①天文学史-研究-中国-上古 Ⅳ. ①P1-092

中国版本图书馆 CIP 数据核字(2019)第 270855 号

河南人民出版社 出版发行
(地址:郑州市郑东新区祥盛街 27 号 邮政编码:450016 电话:0371-65788077)
新华书店经销 永清县晔盛亚胶印有限公司印刷
开本 787 毫米×1092 毫米 1/32 印张 6.625
字数 94 千字
2019 年 12 月第 1 版 2024 年 5 月第 3 次印刷

定价:52.00 元

序 言

在北京师范大学的百余年发展历程中，历史学科始终占有重要地位。经过几代人的不懈努力，今天的北京师范大学历史学院业已成为史学研究的重要基地，是国家首批博士学位一级学科授予权单位，拥有国家重点学科、博士后流动站、教育部人文社会科学重点研究基地等一系列学术平台，综合实力居全国高校历史学科前列。目前被列入国家一流大学一流学科建设行列，正在向世界一流学科迈进。在教学方面，历史学院的课程改革、教材编纂、教书育人，都取得了显著的成绩，曾荣获国家教学改革成果一等奖。在科学研究方面，同样取得了令人瞩目的成就，在出版了由白寿彝教授任总主编、被学术界誉为“20世纪中国史学的压轴之作”的多卷本《中国通史》后，一批底蕴深厚、质量高超的学术论著相继问世，如八卷本《中国文化发展史》、二十卷本“中国古代社会和政治研究丛书”、三卷本《清代理学史》、五卷本《历史文化认同与中国统一多民族国家》、二十三卷本《陈垣全集》，以及《历史视野下的中华民族精神》《中西古代历史、史学与理论比较研究》《上博简〈诗论〉研究》等，这些著作皆声誉卓著，在学界产生较大影响，得到同行普遍好评。

除上述著作外，历史学院的教师们潜心学术，以探索精神攻关，又陆续取得了众多具有原创性的成果，在历史学各分支学科的研究上连创佳绩，始终处在学科前沿。为了集中展示历史学院的这些探索性成果，我们组织编写了这套“通古察今”系列丛书。丛书所收著作多以问题为导向，集中解决古今中外历史上值得关注的重要学术问题，篇幅虽小，然问题意识明显，学术视野尤为开阔。希冀它的出版，在促进北京师范大学历史学科更好发展的同时，为学术界乃至全社会贡献一批真正立得住的学术佳作。

当然，作为探索性的系列丛书，不成熟乃至疏漏之处在所难免，还望学界同人不吝赐教。

北京师范大学历史学院

北京师范大学史学理论与史学史研究中心

北京师范大学“通古察今”系列丛书编辑委员会

2019 年 1 月

目　录

前 言

现代天文学（Astronomy）是研究天体和宇宙的科学。天文学是人类有文明史以来最古老的科学之一。恩格斯在《自然辩证法》中指出："必须研究自然科学各个部门的顺序的发展。首先是天文学——游牧民族和农业民族为了定季节，就已经绝对需要它。"[1] 又说："在马克思看来，科学是一种在历史上起推动作用的、革命的力量。"[2] 毫无疑问，天文学在推动人类社会跨入文明时代的进程中发挥了重要作用。

然而迄今为止，上古天文学与文明起源的关系并

---

[1] 〔德〕恩格斯：《自然辩证法》，《马克思恩格斯选集》第 3 卷，人民出版社，1995 年，第 259—386 页。

[2] 〔德〕恩格斯：《在马克思墓前的讲话》，《马克思恩格斯选集》第 3 卷，1995 年，第 776—778 页。

没有得到深入研究。以古埃及为例，人们普遍认为埃及人把天狼星偕日升与尼罗河泛滥同时发生的那一天作为新年的第一天，从而发明了人类历史上最早的太阳历。实际上这样的事件在历史上从来就没有发生过。在公元前3000年前后的数千年内，天狼星偕日升发生在夏至前后，尼罗河泛滥发生在秋分前后，两个自然现象分别按照恒星年周期和回归年周期几乎平行移动，根本不可能同时发生。实际情况是，下埃及的民间历法（民历）以尼罗河泛滥作为新年的第一天，上埃及的宗教历法（神历）以天狼星偕日升作为新年的第一天，两种历法并行了数千年。

一般认为太阳历是埃及文明的象征，实际上太阳历只是一种没有闰月的简单历法（民历），受到农民的普遍欢迎，真正具有科学内涵并代表历法水平的是埃及的太阴历（神历）。又如，所谓的"天狼星周期"（1460年），事实上并不存在，等等。

至于中国上古的天文历法，文献曾经提到"南正重司天以属神，火正黎司地以属民"，同样地也有神历和民历之分。但早期中国的神历和民历具有怎样的特征，我们至今很难说清楚。纠正错误说法，探讨重要问题，需要有新的手段和工具，我们认为考古天文学提供了新的理论和方法。

古代天文学也是以天体和宇宙作为关注对象的，这与现代天文学并无本质区别，但它的实际应用只有两项——星占和历法。如果我们把“天文”和“历法”稍作区分，那么古代天文学实际上就等同于星占学了！为什么会是这样？

人类早期社会，科学与宗教和哲学尚未分离，人们很难把信仰、知识以及人类的主观认识区分开来。先民们获得或者掌握了某些知识，往往将其归于神的启示或者神的意志。孔子曰：“天何言哉？四时行焉，万物生焉！”在古人看来，大自然的规律，就是神的语言。

《易经·系辞上》说：“天垂象，见吉凶，圣人象之。”在古人看来，天象是神的意志的表现，只有“圣人”才能读懂它，然后由“圣人”告诉芸芸众生怎样趋吉避凶。《老子》曰：“人法地，地法天，天法道，道法自然。”就是说人们必须向天地学习，因为天地是道和自然的化身。那么天象告诉了我们什么？人们又应该向天道学习什么呢？天道最本质的特征有二：一是中极，二是周行。天上只有一个中心，就是北极，所有的天体都围绕它东升西落；天上只有一条大道，就是黄道，日月五星都沿着黄道行进，周行而不殆。人类象天法地，在人间也只能有一个统一中心。在大河流域的农耕社会，无论最初产生多少城邦，最终都会形成统一的王权；无论怎样改朝换代，人类社会都将循环往复，后继无穷。这就是“道法自然”。

中国古代的文明是在王权取代神权的过程中形成的。无独有偶，古埃及也是在神王朝向人王朝发展演变的过程中实现上、下埃及的统一的。天文历法在这个过程中发挥了重要作用。天文历法既是君权神授的象征，也是维护统一的工具。传说尧帝禅位给舜帝时，曾经亲手把天文仪器“璇玑玉衡”授予舜，并对他说：“咨！尔舜！天之历数在尔躬……”由此可见，天文历法是政权的象征；只有具备了颁订历法的能力，才具有统治的合法性。

在古埃及，天文历法知识基本上被僧侣、祭司阶层所垄断，这些脱离生产劳动的神职人员出于祭祀和星占的需要，编订了复杂的太阴历。人王朝的统治者不胜其烦，编订了适用于农业生产的太阳历。埃及是一个统一的国家，无论神历和民历都会在埃及境内贯彻施行，从而成为维护统一的工具。

上古的天文历法与宗教祭祀有着非常密切的联系，实际上早期的科学与宗教是融合在一起的，古埃及的天文台就设在神庙之中，天文学家就是神职人员。我们在探讨上古天文学的起源时，必须把它和神学放在一起来考察。但它本身毕竟属于知识系统，必须在一定程度上符合天象的实际，反映大自然的规律，这与宗教信仰是不相同的。正因为如此，我们可以利用现代知识和科学方法去追寻它的起源。

本书采用的考古天文学方法，国内学术界又称为“天文考古”。它以古代的天文遗存和出土文献中的天文历法材料为研究对象，需要借鉴考古学对古代遗存的分析方法，还要充分运用历史学上有关文献考据的方法，包括对出土古文字材料的释读和理解等，因此就其研究对象而言，“天文考古”属于文科。然而就其研究任务和目的而言，要解决天文学本身的起源和发展问题，就需要运用现代天文学理论和方法，因此“考古天文学”理应属于数理天文学的范畴。

本书首先介绍与古天文有关的岁差原理、天体位置的转换矩阵、远距历元的黄赤交角、黄经总岁差计算公式等基本原理和方法。我们并不打算运用这些理论进行复杂烦琐的计算，但了解其基本原理还是很有必要的。20 世纪 80 年代以前，要计算埃及金字塔的天文年代，还必须请职业天文学家来进行专门计算，现在已无此必要了。计算机和互联网的普及，解决了古天文的计算问题。我们利用通用的共享天文软件，采集历史年代的天体位置数据制成表格，就可以把原本需要转换矩阵来计算的复杂函数，转换为简单的线性关系，然后采用简单的线性内插法就可以求得相应的历史年代和位置，这个方法我们称为“表格计算法”。利用黄赤交角的历史变化以及黄经总岁差等解决问题的，可以直接采用公式计算，我们称为“公式计算法”。根据晚期历法追溯早期历法的，我们称为“回推计算法”。

利用科学方法计算的结果，只是一种逻辑的可能，它是否符合历史的真实呢？这有待历史学和考古学的研究予以证实或证伪。本书的结论留待历史去检验。

一、文明起源的天文背景

天文学的起源与人类文明的起源几乎是同步发生的。上古的游牧民族和农业民族为了生产和祭祀，首先需要天文学。与最早的天文历法大约同时产生的还有青铜器、城墙、文字和礼制等，这些都是文明的重要标志。这些因素的出现标志着人类社会进入新的发展阶段：青铜器代表发达的生产力，是最革命的因素，因此被称为青铜时代；城邦代表了社会组织和结构复杂化的程度，因此又称为国家时代；从此开始有了明文记载的历史，故此又称为文明时代。

几乎在相同的时代，文明因素井喷式出现，这当然有人类社会自身发展的内在因素，但也离不开资源环境等外部因素的机缘巧合。竺可桢先生在其著名论文《中国近五千年来气候变迁的初步研究》中指出：自仰韶文化到安阳殷墟是5000年来的第一个温暖期，也是中国文明史上最温暖的时期，年平均温度高于现在（0线）2℃左右（图1）[1]。可以说温暖湿润的气候开启了中国文明起源的进程。

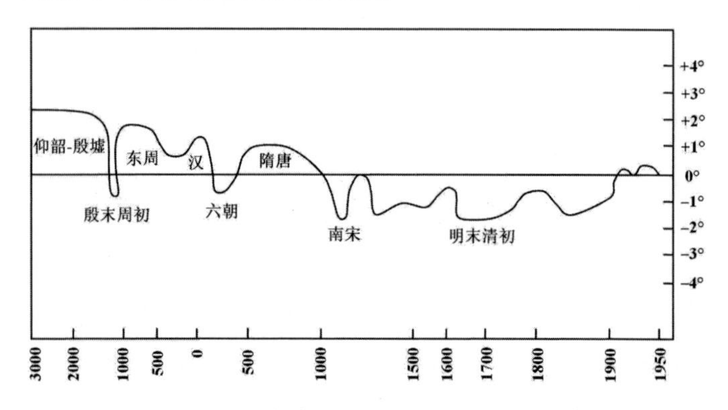

图1　近5000年中国温度变迁图(竺可桢1972)

仰韶文化进入5000年来的第一个温暖期，是文明起源和形成期。

同样地，天文背景也是催生人类文明的一个重要因素，这一点并未引起学术界的注意。在第一个温暖期，大约距今5000年，出现了人类历史上少有的天

[1]　竺可桢:《中国近五千年来气候变迁的初步研究》,《考古学报》1972年第1期；转载《中国科学》卷16，1973年第2期；收入《竺可桢文集》，科学出版社，1979年，第475—498页。

文奇观，在极其靠近北极点的位置上，正好有一颗人类肉眼可见的 4 等星，在没有精密仪器测量的情况下，仅凭肉眼观测，它与北极点的位置几乎重合。天文学知识告诉我们，由于地球自转引起天体的周日视运动，地球自转轴指向天球上的极点就是天极，所有的恒星每天都围绕它旋转一周，它本身在周日运动中是一个不动点。在北半球人们看到的是北天极，简称北极。北极是一个几何点，并没有一个肉眼可见的恒星正好位于这个几何点上。北极点虽然在周日运动中恒定不动，但由于岁差原因它在恒星背景上缓慢移动，这样就有机会使肉眼可见的恒星出现在非常靠近北极的地方，这颗星就叫北极星。这样的机会非常罕见，因此历史上可以充当北极星的恒星十分稀少。上古时期，出现过一次极星与天极几乎重合的现象，年代是中国古史传说中的“五帝时代”（距今约 4000—5000 年）。只有在五帝时代，在北极点上才有北极星，在此之前和在此之后的数千年中，都没有肉眼可见的恒星出现在北极点上或其密近位置（图 2）。

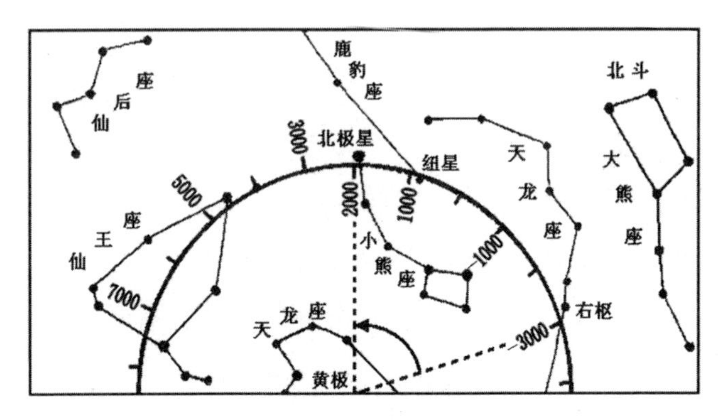

图 2 近 5000 年北极星变迁图

虚线和箭头指示的扇形区是近 5000 年北极旋转的角度区，半圆是北极围绕黄极转的轨迹，可见右枢星、纽星和北极星分别在公元前 3000 年、公元 1000 年和现代靠近北极。

5000 年前天上出现一个中心——北极星，启示人间建立统一的专制王权。农耕文明一般起源于大河流域，例如埃及的尼罗河流域、小亚细亚的两河流域、印度的恒河 - 印度河流域、中国的黄河 - 长江流域等。大河流域产生的文明国家一般都统一成为中央集权的专制政权。天文历法是君权神授的标志和维护统一的工具，在中国和埃及形成了赤道天文学和黄道天文学体系。

除了北极星奇观之外，还有日月运行、五星聚会、恒星背景等，它们都会形成独特的天文环境和资源，对人类文明的起源和早期社会的发展产生重要影响。我们尝试以中国的文献记载和埃及的古代遗存为例，阐明天文背景是如何影响人类精神世界，进而激发先民们创建统一国家，并创造高度发达的文明成就的。

中国上古天文学的起源状况，目前还不是很清楚，两河流域的天文学无疑受到古埃及文明的重要影响，而古印度文明的天文遗存比较缺乏，要探讨上古天文学的起源，最好的研究对象是古代埃及的天文历法。从宏伟壮观的金字塔，到丰富的象形文字铭文、出土纸草文献，传世典籍记载，尤其是保存至今的天文文物和众多的历法材料，它们为研究天文学的起源和早期发展，提供了丰富的史料。研究古代埃及文明的中外学者，在史料的发掘整理和研究工作方面取得丰硕成果，这是笔者进行天文考古和天文学史研究工作的基础。我们选取和转引比较常见的史料，研究其中的天文学内涵，以期搞清楚古代埃及天文历法发展的基本线索，并介绍考古天文学的一般理论和方法，为有志于此的读者诸君提供参考借鉴，还希望学术界同仁对书中可能出现的错误予以批评指正。

二、中国古代的“天极”

首先我们从中国古代有关“天极”的文献记载出发，谈谈北极星的重要性。考古研究表明，中国是世界上农业起源最早的地区之一，因而也是世界上天文学最早发达的地区之一。首先在黄河流域的一个较大范围内，逐渐形成一个统一的中心，这个中心在中国古代文献中称为“极”。

先秦古籍《周礼》开宗明义讲道：

> 惟王建国，辨方正位，体国经野，设官分职，以为民极。

这句话的意思是说：周天王建立国都，首要大事是测定东南西北方位，其次是步行勘查城区（国）和郊区（野）的范围，再次是建造官署和设置各级官员，最终为民众建立一个管理和服务中心。

那么，这个“民极”的观念从何而来呢？来自天象。《易经·系辞上》说：“天垂象，见吉凶，圣人象之。”上古的“圣人”会模仿天象来设计改造和建设人类社会。

什么是“天象”？《易经·系辞上》曰“见乃谓之象，形乃谓之器”。《老子》曰“大象无形”。天象自然是最大的“象”，它只有“象”而没有形体。例如光，有象而无形——看得见，摸不着；水，有形而无体——摸得着，抓不住。“天象”看起来充斥着许许多多有形的星体，但人们却摸不到这些形体，并且看不到“天”的边际，因此属于“大象无形”。这个“无形的大象”，却有一个可以看得见的中心——“极”。

中国的文明起源于5000年前，但有明文记载的只有商代甲骨文以来3000年的历史。从甲骨文的成熟形态来判断，中国文字肯定有更早的开端，遗憾的是目前我们还难以找到夏朝以前的文献来证明更早的历史。不得已，我们只好借助晚出的文献来探讨古人对“天极”的认识。

（1）**“北辰”**

孔子曰：“为政以德，譬如北辰，居其所而众星共之。”这里的“北辰”相当于“北极”的概念。

（2）**“极枢”**

《周髀算经》：“正北，极枢，璇玑之中。正北，天之中。”这是说在周日视运动中，恒星围绕北极画圆圈，最小的圆圈是“璇玑”，“极枢”就在璇玑圆的中央，此即北极。指向北极的方向是“正北”向；所有恒星都围绕它转，因此是“天之中”。这里明确指出，天上有一个“中心”，但不在天顶，而是在北极。

（3）**“天极”**

《吕氏春秋·有始览》：“极星与天俱游，而天极不移。”这里指明天极具有不移动的特点，极星不在天极上，因此会有游动。

（4）**“不动处”**

《隋书·天文志》载东汉时的贾逵、张衡、蔡邕和三国时的王蕃、陆绩等“皆以北极纽星为枢，是不动处也”。这与现代数学中的“不动点”（fixed point）是同一概念。

这些晚出的文献需要借助“璇玑”“极星”等才能

说明“不动点”的位置，但在5000年前却无此必要，因为在那个年代，正好有一颗肉眼可见的4等星位于“不动点”上，也就是说极星与天极合一。这颗星，中国星名为“右枢”星，西方星名为“天龙座 α”星（Draco α）。这难道不是上天的恩赐，人类的幸运？！

有了上天的垂范，上古的“圣人”们很容易对农耕社会的人们说教；那些被认为或者自称是天神派到人间来的统治者，必定效法天象，要“为民立极”。所谓“立极”，就是“建中”，即建立统治中心。《尚书·洪范》“建用皇极……皇建其有极”，孔安国《传》“皇，大；极，中也。凡立事当用大中之道……大立其有中”。翻译成现代语，“建用皇极”的字面意思，就是建造和启用一个大大的中心；“皇建其有极”的字面意思，就是突出地建一个中心。《后汉书 · 五行志》讲到孔安国《洪范传》，引用东汉大儒马融的注释说：“大中之道，在天为北辰，在地为人君。”“建中立极”具体表现为辨正方位、修筑城墙、建造官署等大地测量、工程建设等方面的内容；最终还是要建立“人君”的统治，这才是“大中之道”。

汉代的儒者认为“皇极”是秩序的象征，如果皇权受到威胁（皇之不极），就会出现日食等乱象。“皇极”的字面意思就是“皇其极”“大其中”，即要维护统治中心的权威，突出中心，使之成为老“大”，居于至高无上的地位。如果“中极”受到削弱，分支和末节变大而超过主干，是谓“皇之不极”，表现为主弱臣强，尾大不掉。《汉书·谷永传》引“《经》曰‘皇极，皇建其有极’。《传》曰‘皇之不极，是谓不建，时则有日月乱行’”。《汉书·孔光传》引“《书》曰‘羞用五事’‘建用皇极’……大中之道不立，则咎征荐臻，六极屡降。皇之不极，是为大中不立，其《传》曰‘时则有日月乱行’”。所谓“日月乱行”是说日月不按照各自的轨道运行，因而发生了日食和月食等乱象。谷永、孔光皆因日食而上疏，可见其所谓“大中之道”就是要维护专制极权的统治权威。

“皇极”还有聚会中心的意涵。《尚书·洪范》云“会其有极，归其有极”。郑玄曰“‘会其有极’，谓君也当会聚有中之人以为臣也；‘归其有极’，谓臣也当就有中之君而事之”（《史记·宋世家集解》引）。曾巩《洪范传》“‘会于有极’者，来而赴乎中也；‘归于有极’者，往而反乎中也”（《元丰类稿》卷十）。“建中立极”就是要把居于中心的统治者和拥护中心的臣民，聚会在一起，建立中央集权的国家。

“天极”具有唯一性，居其所而众星拱之。人们取法于天，建立的“民极”也必须是唯一的，否则“多级”的社会必然产生纠纷和战争。孟子曰“天下恶乎定？定于一！”只有统一天下，才能保障社会安定。上古时人们眼中的“天下”，一般局限在本民族所在的大河流域，因此在大河流域最终会出现统一的专制王权。

《易经·系辞下》曰“仰则观象于天，俯则观法于地……近取诸身，远取诸物”。这是说人类要摆脱蒙昧状态,需要向大自然的天地万物学习。《老子》云“人法地，地法天，天法道，道法自然”。老子在天地之上提出了一个“道”的概念，但是“道”这个东西，无象无形，“道隐无名”，人们怎么向它学习？老子说天、地是取法于道，才生成形象的，是“大象”和“大形”。因此学“道”最直接的方法就是向天地学习，向大自然学习。天上只有一个中心叫“天极”，地上也有一个中心叫“地中”，这是“地法天”的结果；“人法地”就是要在大地的中央建立一个统治中心，模仿天的形象，建立人间秩序。

《周礼》说“惟王建国，辨方正位”，就是要找到大地的中央。《论语》记载“尧曰：‘咨！尔舜！天之历数在尔躬，允执其中。四海困穷，天禄永终。’舜亦以命禹”。这是尧帝禅位给舜帝时做出的政治嘱托，舜帝也把它托付给夏禹。意思是说：你已经掌握了天文历法，你知道怎样找到大地的中央，王者居中，你一定要到中原去建都，不可以去四海困穷的地方，那里的政权不会稳固。

综上可知，“建中立极”就是中国古代先民“象天法地”的结果。“中极”的观念来自天象，而“中极”的实体是国都。只有进行大规模的工程建设才能筑起一座都城，而这必然要求把社会成员高度组织起来；只有把社会成员高度组织起来，才能调动和集中大量的人力、物力和财力，从事生产之外的大型工程建设。城市和国家机构因此而产生，历史进入文明发展的进程。

三、岁差原理

前文论述了北极星是中国文明起源的一大机缘，此外，北极星也是中国古代天文坐标系的唯一基点。我们先来了解中国古代天文学的赤极特征。中国古代天文学基于对“天极”的崇拜，使用赤道坐标系统，这是它的一大创举和特色。从古希腊以来，世界上各主要的天文学发达民族都采用黄道坐标系，自 16 世纪以后，欧洲才逐渐开始使用赤道坐标系。[1] 中国天文学以其“天极和赤道”特征，区别于世界其他古代文明。许多欧洲学者曾经认为，不通过黄道形式而独

[1] 中国天文学史整理研究小组:《中国天文学史》，科学出版社，1981 年，第 47 页。

立发展的天文学，几乎是令人无法置信的[1]，但中国天文学的情况正是如此。

在天球上建立赤道坐标系，第一步是要寻找赤极，也就是北极。在地平面上通过观测日出和日落的方向，取其中间方向就是正南北向，再引上天空，就是天子午方向，从而首先建立起天球子午圈。某一时刻正好经过天子午线的恒星就是“中天”星，又叫“中星”。地球的南北两极直线延伸到天球上就是北天极和南天极，生活在北半球的人们只能看到北天极，南天极隐没在地底下，因此本书所说的天极和极星一般指北天极和北极星。恒星“中天”时有可能在两极连线的上方，称为“上中天”；若出现在两极连线的下方，是为“下中天”。在北半球人们能观测到大部分恒星的上中天，只有在南极附近“恒隐圈”内的恒星观测不到；但观测不到大多数恒星的下中天，只有位于北极附近“恒显圈”内的恒星才能观测得到。中星观测是人类最早掌握和利用的具有科学意义的天文观测之一，最简单的中星观测只需在固定方向上立杆就可以进行，复杂

[1]〔英〕李约瑟:《中国科学技术史：天学》第4卷，科学出版社，1975年，第144—145页。

一点的可架起管筒“以管窥大”，大型设备可构建狭缝或井道，“坐井观天”。

通过长期观测，人们发现所有的恒星都越过天子午线，唯独有一颗星总是位于子午线的某一点上，从不离开子午圈，接着人们发现，天球上的所有星星都在围绕着这颗星作圆周运动，这颗星就是北极星。如果再盯着这颗星作长期的仔细观测，就会发现这颗星也在围绕一个不动点作很小的运动，北极点就是这样被发现的。找到了北极点，在距离它 90° 的天球上作一个大圆,这个大圆就是赤道圈。有了北极点、赤道圈、子午圈，就可以在天球上建立起赤道坐标系。中国古代二十八宿的宿度，是将仪器对准北极在赤道圈上测出来的，就是相邻两宿的主星之间的赤经差，因而属于赤道坐标系。北极星这一重大天文发现，是推动中国上古天文学建立赤道坐标系的原动力。然而，北极星的重大发现，只有在五帝时代才有可能。因为只有在五帝时代（距今约 4500—5000 年），在北极点上才会有北极星，在此之前和在此之后的数千年中，都没有肉眼可见的星星出现在北极点上或其密近位置。

为什么仅仅在 5000 年前后出现北极星呢？这需

要用现代天文学原理加以说明。我们做一个旋转陀螺的实验，就会发现：当快速旋转的陀螺发生倾斜时，它的旋转轴会环绕垂直地面的轴线（重力方向）在空中画出一个圆锥面（图 3）。因为陀螺是一个非均匀体，它的重心在中部，当陀螺发生倾斜时，地球的引力（重力）把旋转着的陀螺向下拉，使它有向地面倾倒的趋势，而陀螺因惯性的作用继续旋转而不会倒下，这样在重力和惯性的双重作用下，陀螺作摇摆式旋转，其旋转轴在空中作圆锥式运动，这种运动方式叫进动。

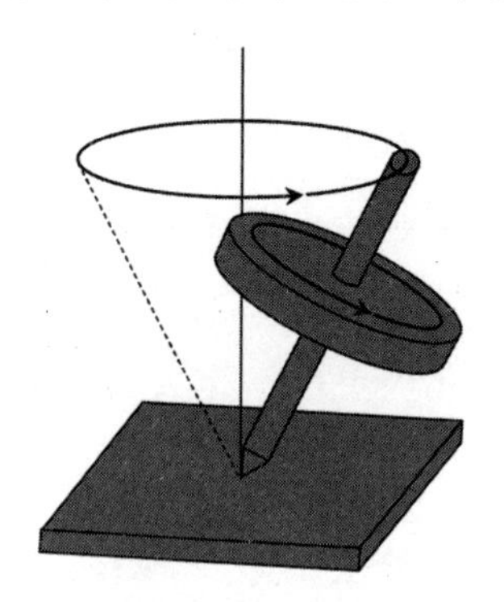

图 3 陀螺的进动

陀螺自转轴绕一中心旋转，在空中画出一个圆锥面。

地球的自转与陀螺的进动十分类似。地球也不是一个均匀的球体，而是赤道带向外凸出的扁球体，地球的自转轴也是倾斜的。我们把地球自转时所受太阳和月亮的吸引力分解为两部分：一部分假设地球为一个均匀的球体，则其所受引力集中在地球的球心（重心）；另一部分是赤道带向外凸出部分所受的引力，我们称之为“附加吸引”。由于太阳和月亮几乎都是在黄道面内对地球施加吸引的，因此地球赤道带外凸部分所受的附加吸引，产生一种把地球赤道向黄道面拉拢的力，使得地球赤道面有向黄道面重合的趋势。同时，地球自转的惯性作用使赤道和黄道保持一定的夹角而不会改变。这样，在附加引力和地球自转惯性力的双重作用下，地球自转轴朝着与自转相反的方向环绕黄极作圆锥式运动（图4）。

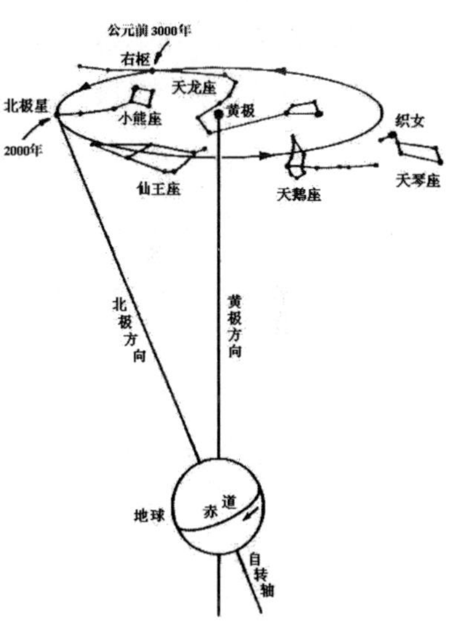

图4　地球的进动

地球自转轴环绕黄极作圆锥式运动，在天球上画出一个圆圈。

这种运动，叫作地球的进动。

地球的进动除了主要受到日月引力的影响之外，还受到行星引力的轻微影响。月亮运动轨道（白道）与太阳运动轨道（黄道）的夹角（黄白交角）约 5°，两个轨道面几乎重合，可以近视地看作月亮约束在黄道基本面内运动，因此日月对地球的吸引基本上不会引起黄道面的抖动，即黄极固定不动。黄极和黄道面固定，意味着黄纬不变；赤道按一定倾角（黄赤交角）沿黄道向西退行，从而引起黄经以及赤经、赤纬发生变化，这种结果称为日月岁差。除此之外，行星对地球赤道隆起部分也有引力作用，各大行星的综合引力引发黄道面轻微振动，从而导致黄极也在作极其微小的运动。

由行星引起的黄赤道经纬变化，称为行星岁差。据现代天文学研究，黄极的运动速度是[1]：

$$\pi_A'' = 0''.470029 - 0''.0006603\ T$$

式中 T 是从标准历元 J2000.0 起算的儒略世纪数。

---

[1] a. 马文章:《球面天文学》, 北京师范大学出版社, 1995 年, 第 162 页。
b. 中国科学院紫金山天文台:《2000 年中国天文年历》, 科学出版社, 1999 年, 第 496 页。

按此速度，积 4000 年才有 0.5° 的改变，这在古代裸眼观测的时代是不可能发现的。因此世界上天文学发达的各主要民族，都把黄极看作是恒星背景上的不动点，从而建立起黄道天文学。

日月岁差和行星岁差加起来称为总岁差。古希腊时代已经发现了岁差，晋代虞喜发现岁差导致冬至点的移动，是我国古代最早发现岁差的科学家。由于岁差计算的复杂性，现代天文学中并没有一个公式来真正表示所有时间的北天极和北黄极的实际位置，所有的位置计算的近视方法在纬度和历元跨度加大时，精度就下降。[1]

我们不去关注现代天文学的计算精度问题，为了讨论北极星对天文学起源的影响，我们假设黄极固定不动，通过黄赤交角（ ε ）随年代的变化来画出北极点的运行轨迹。黄赤交角在数值上等于地球自转轴线与天球黄极轴线之间的夹角（图 4），在天文星图上就是北极与黄极的距离。黄赤交角的现代值约为 23.5°，如果黄赤交角保持不变，那么只需以黄极为圆心，以

[1] 〔美〕L. G. 塔夫:《计算球面天文学》,凌兆芬、毛昌鉴译,科学出版社,1992 年，第 28 页。

23.5° 为半径画圆，就能得到北极的轨迹。然而由于岁差的原因，黄赤交角随年代而变化，大约 4 万年一周期。《2000 年中国天文年历》（以下简称《天文年历》）采用黄赤交角 ε 的表达式[1]，取到 T 的三次项，只能计算近距历元。为适用于远距历元，拉斯卡（J. Laskar）提出一个直到 10 次项的表达式[2]：

$$\varepsilon = 23°26'21''.448 - 4680''.93U - 1''.55U^2 + 1999''.25U^3 - 51''.384U^4 - 249''.67U^5 - 39''.05U^6 + 7''.12U^7 + 27''.87U^8 + 5''.79U^9 + 2''.45U^{10}$$

其中 U 是从标准历元 J2000.0 起算的时间，单位为万年（$U < 1$）。按此式，

当 $U = -1$ 时，即公元前 8000 年，黄赤交角有极大值，$\varepsilon = 24.233°$

当 $U = 1$ 时，即公元 12000 年，黄赤交角有极小值，$\varepsilon = 22.611°$

---

[1] 中国科学院紫金山天文台：《2000 年中国天文年历》，科学出版社，1999 年，第 507 页。

[2] 〔法〕拉斯卡（J. Laskar）：《利用一般理论结果的经典行星理论的长期项》（*Secular Terms of Classical Planetary Theories Using the Results of General Theory*），《天文学和天体物理学》（*Astronomy & Astrophysics*）1986 年第 157 期。

当 $U = 0$ 时，即公元 2000 年，黄赤交角有中值，$\varepsilon = 23.439°$

据此则黄赤交角的变化周期为 4 万年。当 $-1 < U < 1$ 时，时间函数 $\varepsilon = f(U)$ 在合理区间，故我们取 $-1 < U < 1$ 区间的 ε 值。当 $U > 1$ 或 $U < -1$ 时，即公元 12000 以后或公元前 8000 年以前，函数发散，在这种情况下，我们分别以 ε 的极大值和极小值为对称轴，取其延长部分的对称值，画出 4 万年周期内的黄赤交角变化曲线（图 5）。

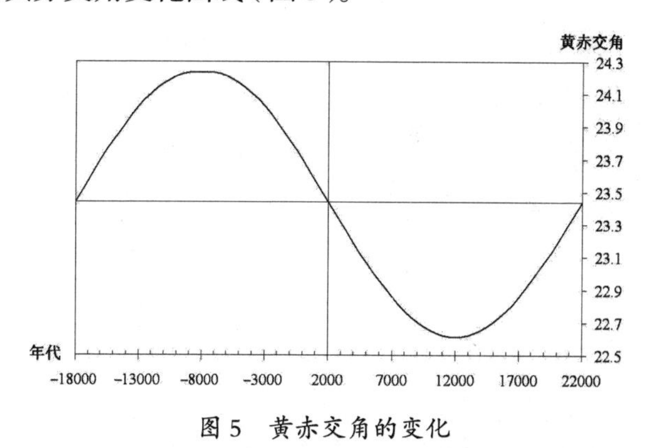

图 5　黄赤交角的变化

黄赤交角变化周期为 4 万年，现在每世纪减小约 46.8″，延续至公元 12000 年后转为增大。公元 2000 年正好是变化值的中点。

根据黄赤交角的变化规律，我们以时间为参数，计算历史时期的黄赤交角数值，将其作为相应年代的北极至黄极的极距，列入表格(表 1)。

极距是极坐标的一个参量，为了画出北极的轨迹图，还需得到极坐标的另一参量——方位角。这个参量可以通过计算历史年代的黄经总岁差而求得，故此先介绍黄经总岁差的计算方法。查《天文年历》[1]，黄经总岁差：

$$P_n = (5029''.0966 + 2''.22226T - 0.0000427T^2)t + (1.11161 - 0.000127T)t^2 - 0.000113t^3$$

式中 T 是从标准历元 J2000.0 至起算历元的儒略世纪数，而 t 是从起算历元至目标历元的儒略世纪数。按此公式计算岁差周期内任意历元的黄经总岁差，计算结果列入下表(表 1)。

表 1

单位(°)

T	总岁差	T	总岁差	T	总岁差	T	总岁差	T	总岁差
150	–216.46	90	–128.22	30	–42.187	–35	48.5157	–95	129.921
145	–209.02	85	–120.97	25	–35.117	–40	55.3847	–100	136.604
140	–201.6	80	–113.73	20	–28.063	–45	62.2382	–105	143.271
135	–194.19	75	–106.5	15	–21.024	–50	69.0763	–110	149.923

[1] 中国科学院紫金山天文台:《2000 年中国天文年历》，科学出版社，1999 年，第 496 页。

续表

T	总岁差	T	总岁差	T	总岁差	T	总岁差	T	总岁差
130	−186.8	70	−99.297	10	−14.001	−55	75.8988	−115	156.559
125	−179.43	65	−92.104	5	−6.9926	−60	82.7059	−120	163.18
120	−172.07	60	−84.927	−5	6.97714	−65	89.4975	−125	169.785
115	−164.72	55	−77.765	−10	13.9389	−70	96.2735	−130	176.375
110	−157.39	50	−70.619	−15	20.8851	−75	103.034	−135	182.949
105	−150.07	45	−63.488	−20	27.816	−80	109.779	−140	189.507
100	−142.77	40	−56.372	−25	34.7313	−85	116.509	−145	196.05
95	−135.49	35	−49.272	−30	41.6313	−90	123.223	−150	202.577

为直观起见，将上表数据按“黄经－距今世纪数（T）”坐标，制作成黄经总岁差变化轨迹图，如下图所示（图6）。

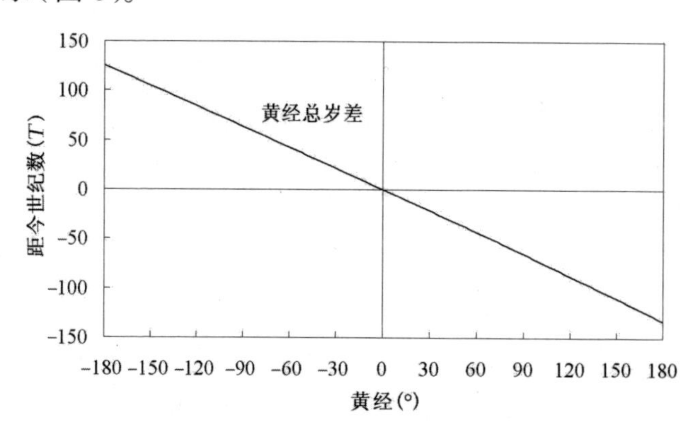

图6　黄经总岁差积分变化线

黄经总岁差累计360°所需时间约258个世纪，即北极围绕黄极转一圈的岁差运动周期为25800年。

至于黄经总岁差的周期，即北极围绕黄极转一周累积总岁差 360° 所需时间，分作两步计算：春分点自标准历元（J2000.0）向西退行 180°，春分点自标准历元（J2000.0）向东前行 180°，两者相加的岁差周期为 25814 年，计算结果列如下表（表 2）：

表 2

	T	t	Pn	年代
春分点退行	125.4	–125.4	–180	公元 14539
春分点前行	–132.75	132.75	180	前 11275
黄经总岁差	258	258	360°	积年 25814

一般近视地取黄经总岁差（J2000.0）P ＝ 5029″.0966（每世纪），按平均速度估算岁差周期，因 $5029''.0966 \times 258 \approx 360°$，得岁差周期为 25800 年，或约等于 26000 年。

得到岁差周期后，可以黄极为原点定义北极的方位角，规定黄极至今（J2000.0）时北极点的方位角为 90°（相当于黄经 90°）（图 2），其他按每年增减（360°/25800）计算当年北极点的方位角（相当于其在 J2000.0 时的黄经），列入表格（表 3）。

表 3　北极的轨迹坐标

年代	极距（黄赤交角）	方位角	年代	极距（黄赤交角）	方位角
–13000	24.021	299.302	1000	23.569	103.953
–12000	24.102	285.349	2000	23.439	90
–11000	24.166	271.395	3000	23.31	76.0465
–10000	24.21	257.442	4000	23.184	62.093
–9000	24.232	243.488	5000	23.064	48.1395
–8000	24.233	229.535	6000	22.954	34.186
–7000	24.232	215.581	7000	22.855	20.2326
–6000	24.21	201.628	8000	22.771	6.27907
–5000	24.166	187.674	9000	22.704	–7.6744
–4000	24.102	173.721	10000	22.654	–21.628
–3000	24.021	159.767	11000	22.623	–35.581
–2000	23.924	145.814	12000	22.611	–49.535
–1000	23.814	131.86	13000	22.623	–63.488
0	23.695	117.907	14000	22.654	–77.442

有了极距和方位角就可以画出北极的轨迹线，然后以 J2000.0 时的北极点为基点，以赤道为基圈，以方位角 0° 所在的赤经圈为始圈（赤经 0°），按拱极圈亮星的坐标绘出星图（历元 J2000.0），于是得到恒星背景中的北极轨迹图（图 2 所示为其上半幅）。

如图 2 所示，当北极运行到与某颗恒星相重合或极其靠近某颗恒星时，就把这颗星叫作那个时代的北极星。当然这颗星必须是普通人裸眼都能看见的星，即视星等在 5 等以上，这使得历史上有资格充当北极星的恒星寥寥无几（图 8），在拱极星与北极轨迹图上一看便知。

四、天体的历史位置

北极是赤道坐标系的基点，当北极移动，那么天体的赤经、赤纬都要重新计算。至于历史年代北极星靠近北极的程度，可以采用现代天文学方法，从标准历元（J2000.0）起推算大历元跨度间隔的恒星位置（赤经、赤纬），通过赤纬的余角来判断恒星到北极点的距离。

恒星在赤道坐标系中的位置随年代而有微小改变，人在一生中肉眼很难发现这种改变，但积数百年则有显著变化。这些变动包括岁差、章动、自行、光行差、视差等项，它们都是使恒星坐标发生改变的原因。古代的观测精度不高，仅需考虑岁差和自行就可以了。在过去的天文计算中，岁差和自行往往合并采用“幂级数法”进行计算，这种方法在计算变化较小的低纬度地区以及不超过25年历元间隔时，可以达到较高的精度。[1] 在赤道天区，恒星赤经变化每千年约13°，纬度越高变化越大。当拱极星或历元跨度很大时，幂级数收敛性很差，需要考虑很多项，计算烦琐，精度不高。当代天体测量学通常采用直角坐标“矩阵转换”法来计算恒星的位置。在解决拱极星和大历元跨度的问题上，此法的优点尤为明显，随着计算机的普及，直角坐标矩阵转换的烦琐计算已经不再成为问题。恒星自行一般小于每年0″.1，赤道岁差1年（约46″）相当于自行数百年，因此在讨论我们所要关注的历史问题时，可以不必考虑自行对年代误差的影响。下面就“岁差矩阵”的计算[2]，略作介绍。

赤道位置坐标的矩阵转换在空间直角坐标系内完

---

[1] a.〔美〕L. G. 塔夫：《计算球面天文学》，凌兆芬、毛昌鉴译，科学出版社，1992年，第36—37页。b. 马文章：《球面天文学》，北京师范大学出版社，1995年，第167页。

[2] 参见：a.〔美〕L. G. 塔夫：《计算球面天文学》，凌兆芬、毛昌鉴译，科学出版社，1992年，第24—28页。b. 马文章：《球面天文学》，北京师范大学出版社，1995年，第168—173页。c. 夏一飞、黄天衣：《球面天文学》，南京大学出版社，1995年，第76—78页。d. 中国科学院紫金山天文台：《2000年中国天文年历》，科学出版社，1999年，第517—518页。

成。由天体的球面位置（α，δ），求其直角坐标（x, y, z），可以表示为矩阵：

$$\begin{pmatrix} x \\ y \\ z \end{pmatrix} = \begin{pmatrix} \cos\delta & \cos a \\ \cos\delta & \sin a \\ \sin\delta & \end{pmatrix}$$

然后在空间赤道直角坐标系内实现“岁差矩阵”的坐标转换。自行和章动矩阵对历史年代位置的影响可忽略不计。

总岁差对赤经、赤纬的影响，可用三次旋转来描述。如图所示（图 7），以地心为空间直角坐标系的原点 O，x 轴指向 t_0 时的春分点 Υ_0，z 轴指向其北极 P_0，y 轴是与 x 轴、z 轴垂直的方向，建立起赤道直角坐标系。当任意时刻 t 时，北极移动至新极 P，同时春分点移动至新点 Υ，这个过程可以把春分点的移动分解为三次旋转来实现：

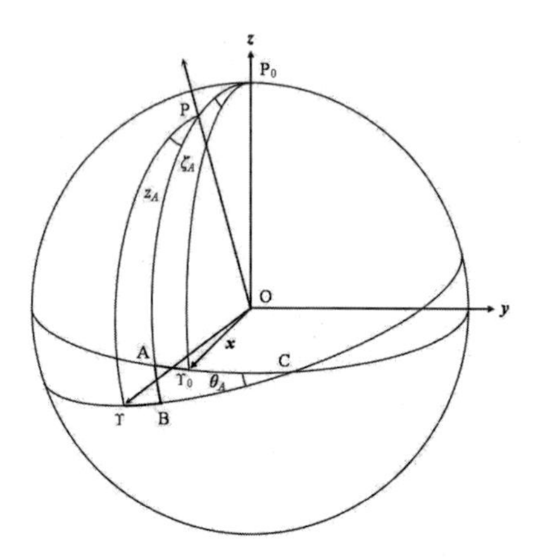

图 7　三个岁差角示意图

北极 P_0 移至 P，春分点 Υ_0 移至 Υ，可分解为三次旋转：① Υ_0 至 A，形成角 ζ_A；② A 至 B，形成角 θ_A；③ B 至 Υ，形成角 z_A。

①由 Υ_0 至 A 点，沿旧赤道旋转，形成岁差角 $\angle\zeta_A$，其坐标转换矩阵记为：$R_z(-\zeta_A)$。

②由 A 点至 B 点，沿赤经圈旋转，形成岁差角 $\angle\theta_A$，其坐标转换矩阵记为：$R_z(\theta_A)$。

③由 B 点至 Υ 点，沿新赤道旋转，形成岁差角 $\angle z_A$，其坐标转换矩阵记为：$R_z(-z_A)$。

根据坐标的转换矩阵，任意时刻 t 时的平位置（仅考虑岁差），可由 t_0 时的平位置转换得到：

$$\begin{pmatrix} x \\ y \\ z \end{pmatrix} = R_z(-\zeta_A)\mathrm{R}_z(\theta_\mathrm{A})\mathrm{R}_\mathrm{Z}(-Z_A)\begin{pmatrix} X_O \\ Y_O \\ Z_O \end{pmatrix}$$

其中三个岁差角的转换矩阵，可分别表示为：

$$R_Z(-\zeta_A) = \begin{pmatrix} \cos\zeta_A & -\sin\zeta_A & 0 \\ \sin\zeta_A & \cos\zeta_A & 0 \\ 0 & 0 & 1 \end{pmatrix}$$

$$R_Z(\theta_A) = \begin{pmatrix} \cos\theta_A & 0 & -\sin\zeta_A \\ 0 & 1 & 0 \\ \sin\theta_A & 0 & \cos\theta_A \end{pmatrix}$$

$$R_Z(Z_A) = \begin{pmatrix} \cos z_A & -\sin z_A & 0 \\ \sin z_A & \cos z_A & 0 \\ 0 & 0 & 1 \end{pmatrix}$$

定义岁差矩阵：

$$[P] = \begin{pmatrix} p_{11} & p_{12} & p_{13} \\ p_{21} & p_{22} & p_{23} \\ p_{31} & p_{32} & p_{33} \end{pmatrix} = R_Z(-\zeta_\mathrm{A})\mathrm{R}_\mathrm{Z}(\theta_\mathrm{A})\mathrm{R}_\mathrm{Z}(-\mathrm{Z}_\mathrm{A})$$

其中 $[P]$ 矩阵的元素仅与岁差角的三角函数有关，整理得：

$$p_{11} = \cos\zeta_A \cos\theta_A \cos Z_A - \sin\zeta_A \sin Z_A$$

$$p_{12} = -\sin\zeta_A \cos\theta_A \cos Z_A - \cos\zeta_A \sin Z_A$$

$$p_{13} = -\sin\theta_A \cos Z_A$$

$$p_{21} = \cos\zeta_A \cos\theta_A \sin Z_A + \sin\zeta_A \cos Z_A$$

$$p_{22} = -\sin\zeta_A \cos\theta_A \sin Z_A + \cos\zeta_A \cos Z_A$$

$$p_{23} = -\sin\theta_A \sin Z_A$$

$$p_{31} = \cos\zeta_A \sin\theta_A$$

$$p_{32} = -\sin\zeta_A \sin\theta_A$$

$$p_{33} = \cos\theta_A$$

三个岁差角（ ζ_A，θ_A，Z_A ）是赤道岁差模型的三个参数，最初由纽康（Newcomb）给出计算公式，它们都是时间的函数，仅与以基本历元（J1900.0）为起始历元的儒略世纪数 T 有关[1]。1976 年国际天文学联合会决定从 J1984.0 起，采用标准历元（J2000.0）的 IAU（1976）天文常数系统，规定纽康岁差角采用新

[1] a.〔美〕L. G. 塔夫：《计算球面天文学》，凌兆芬、毛昌鉴译，科学出版社，1992 年，第 25 页。b. 马文章：《球面天文学》，北京师范大学出版社，1995 年，第 168 页。

岁差量计算，其公式为[1]：

$\zeta_A = (2306''.2181 + 1''.39656T - 0.000139T^2)t +$

$(0.30188 - 0.000344T)t^2 + 0.017998t^3$

$\theta_A = (2004''.3109 + 0''.85330T - 0.000217T^2)t -$

$(0.42665 + 0.000217T)t^2 - 0.041833t^3$

$z_A = (2306''.2181 + 1''.39656T - 0.000139T^2)t+$

$(1.09468 + 0.000066T)t^2 + 0.018203t^3$

于是新、老历元的坐标转换，由简单的矩阵表示为：

$$\begin{pmatrix} x \\ y \\ z \end{pmatrix} = [P] \begin{pmatrix} x_0 \\ y_0 \\ z_0 \end{pmatrix}$$

完成新、旧历元的直角坐标矩阵转换之后，再由直角坐标转换为球面坐标，有公式：

$\alpha = \mathrm{arctg}(y/x)$

$\delta = \mathrm{arctg}[z/(x^2+y^2)^{1/2}]$

综上，运用“岁差矩阵”进行位置计算，可以

[1] 中国科学院紫金山天文台：《2000年中国天文年历》，科学出版社，1999年，第495页。

求得任一恒星在历史上任意历元时刻 t 时的平位置（α,δ），该恒星与北极的距离即为赤纬的余角（$90^{\circ}-\delta$）。

随着计算机的普及，矩阵转换的烦琐计算可以依靠计算机来完成，但在实施任务之前，了解其计算原理还是很有必要的。实际上我们利用通用的共享免费天文软件 SkyMap Pro 采集历史年代上的天体位置数据，可以得到包括岁差、自行和章动等效应在内的精确计算结果。本书的大部分计算通过采集 SkyMap 数据来完成。

北极是赤道坐标系的基点，北极移动则天体位置要重新计算。前文已介绍历史上的北极和恒星位置的计算原理和方法，现在回到我们所要讨论的问题上来。在标明中文星名的拱极星图背景上，画出北极点的运行轨迹（图 8）[1]，那些有机会充当北极星的拱极星，一望可知，列如下表（表 4）。

---

[1] 陈久金:《天文学简史》，科学出版社，1985 年，第 7 页。

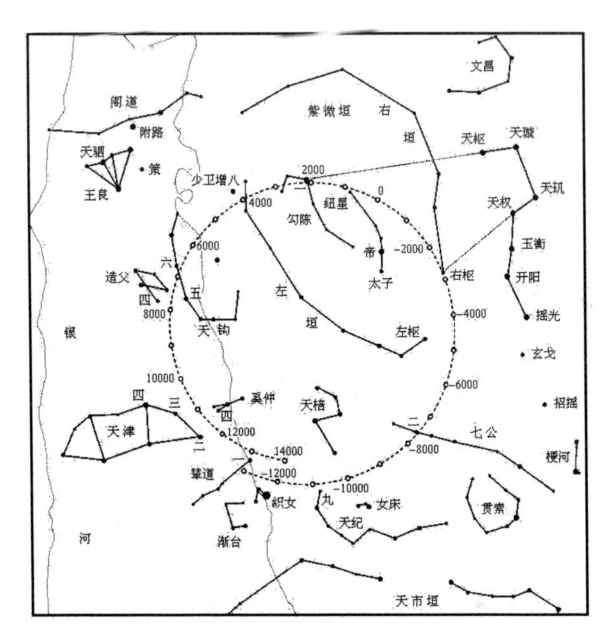

图 8　拱极星与北极轨迹图

表 4　不同年代的北极星表

中名	西名	年代	中名	西名	年代
辇道一	天琴座 R	前 13000	少卫增八	仙王座 γ	3500
织女星	天琴座 α	前 12000	天钩六	仙王座 ξ	7500
天纪九	武仙座 θ	前 11000	造父五	仙王座 ν	8000
七公二	武仙座 τ	前 7000	奚仲四	鹅座 θ	11500
右枢星	天龙座 α	前 3000	天津二	天鹅座 δ	12000
纽星	鹿豹座 $32H$	1000	辇道一	天琴座 R	前 13000
勾陈一	小熊座 α	2000	织女星	天琴座 α	前 14000

从图上和表中可以看出，从公元前 7000 年七公二（武仙座 τ ）充当北极星，到公元 1000 年北宋时的纽星（又名天枢、北极五，西名鹿豹座 *32H*）成为北极星，在这长达 8000 年的时间内，只出现过一次北极星，即紫微垣右垣的右枢星，在公元前 3000 左右密近北极点。在此之前七公二密近北极时，距今约 9000 年，人类还处在新石器时代早期，不可能产生文明因素。大约经过 4000 年之后，到公元前 3000 年即距今 5000 年，右枢成极星，人类进入新石器时代晚期，我国处在仰韶文化时期，相当于传说中五帝时代的早期，考古学文化中的文明因素开始出现。古代埃及在此时已进入“人王朝”时代。此后再经过 4000 年才开始新的北极星时代。

在整个五帝时代，大约距今 5000 至 4500 年间的 500 年内，右枢星的极距小于 3.5º。仰韶文化半坡彩陶盆上有明显的四分方位符号，表明那时的人们已经掌握测日影定方向的技术。在此基础上，人们使用宽 3.5º（满月宽度 0.5º）的狭缝朝向北方，将会发现所有的恒星都会越过狭缝，唯独右枢星彻夜位于狭缝中，从而发现北极星。因此我们认为：五帝时代的人们一定发现了这颗北极星，并在这个激动人心的重大发现的鼓舞下，开始了“建中立极”的文明创建过程。

中国天文学史一般以战国《甘石星经》为标志，进入定量观测时代，作为“上古”和“中古”的分界线。大约在纽星最靠近北极的时代即宋元时期，中国古代天文学达到顶峰，是为“近古”时期。明末清初，开始勾陈大星的“北极星”时代，西方天文学传入中国，我国天文学进入“近代”时期。

天文学起源的过程历经上古时代的前期，即“右枢极星”时代。在上古后期和中古前期，即夏商周三代到秦汉时期，实际上并没有肉眼可见星密近不动点，但在专制王朝已经建立的情况下，习惯上人们还是找出一颗靠近北极的亮星作为北极星，它就是帝星（西名小熊座 β ）。

我国历史上有明文记载的北极星，在西汉以前是帝星（小熊座 β ）。据推算，帝星距北极最近的年代为公元前 1100 年左右，即西周初年，那时它距北极的角距为 6.5º。至公元初年，帝星离开北极已有 8.5º，其时另一颗名叫纽星（鹿豹座 *32H*）的小星，距离北极更近，它的极距仅为 4.5º。因此东汉末年以后，人们便以纽星取代帝星而为北极星了。唐元和二年（公元 807 年）纽星到达靠近北极的最近点，其极距最小值为 0.54º（大约相当于满月宽度）。此后纽星又逐步离开北极，到元朝至元十八年（公元 1281 年）郭守敬作恒星观测时，极距已有 2.67º。明朝末年，徐光启（公元 1562—1633 年）主持编制恒星图表，改以勾陈大星（勾陈一，西名小熊座 α ）为北极星，这就是我们现在的北极星。即使在现在，勾陈一也不是正好在北极点上，它离北极大约还差 1º 的角距（2 个满月）。到公元 2095 年，它将到达距离北极的最近点，那时它离北极只差 26 分半，即不到 0.5º 的距离。此后，它将不再向北极靠拢，而是慢慢地远离北极而去。大约到公元 28000 年的时候，现在的北极星（小熊座 α ）又一次靠近北天极，再次充当北极星。

“右枢极星”时代我国还没有文字，通过现代天文学计算，可以确知它靠近北极的年代。我们利用天文软件 SkyMap Pro 采集数据，得到的计算结果如下图所示（图 9）。该图反映公元前 2850 年至前 2750 年的 100 年内，右枢星的年代 – 极距变化情况。

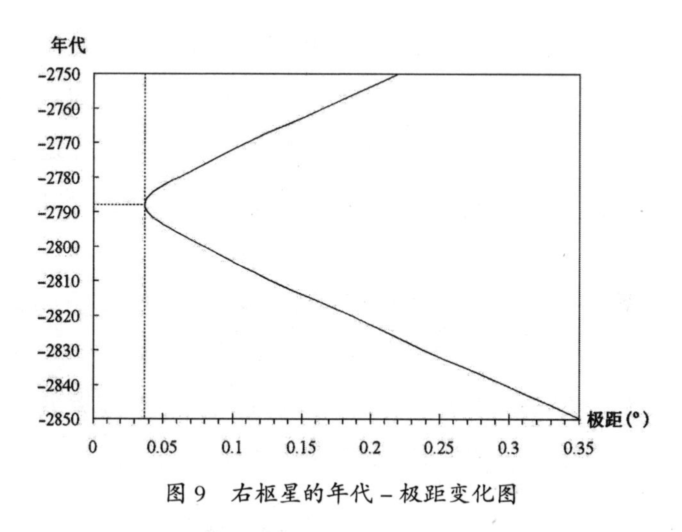

图 9　右枢星的年代 – 极距变化图

图中显示公元前 2788 年右枢星最靠近北极，最小极距为 0.037°，即 2′13″，肉眼很难分辨这一距离，它几乎就在不动点上。自此 180 年后它才达到极距 1°。大约公元前 2000 年（距今 4000 年）五帝时代结束时，右枢星的极距为 4.5°。公元前 1600 年左右我国商朝建立时，右枢星与帝星（小熊座 β ）的极距同为 7°左右，此后帝星取代右枢星成为北极星。

在夜空中利用北斗星很容易找到右枢星。北斗七星是拱极星中最明亮、最显著的一组星，在晴朗的夜空，它就像一把斗勺悬挂在空中，又像指针一样在空中旋转，向人们指示着方向和时间。现代许多人都知道，利用北斗的两颗指极星很快就能找到北极星；这两颗指极星是北斗魁首的第一星和第二星，也就是天枢（大熊座 α ）和天璇（大熊座 β ）星。从天璇引一直线至天枢并延伸大约五倍的距离，就是北极星（小熊座 α ）（图 10）。历史上小熊座 α 离北极较远，故此不叫北极星，在中国传统星名中叫“勾陈一”，又因它是勾陈六星中最亮的星，习惯上又叫“勾陈大星”。明末以后中国星图才开始把它标注为“北极星”。

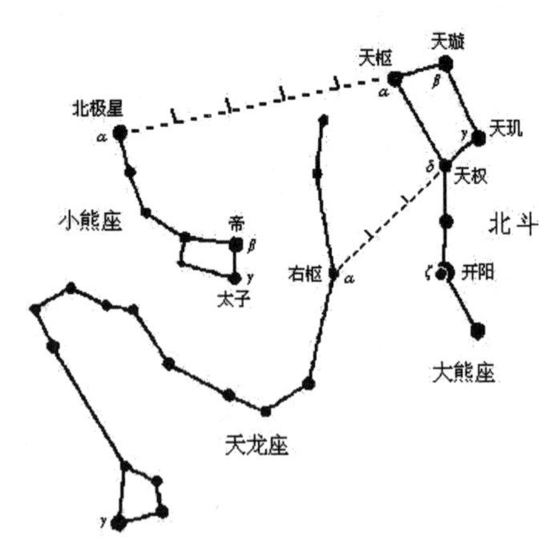

图 10　指极星与北极星

现代指极星“天璇－天枢”指向北极星（小熊座 α ）。
上古指极星“天玑－天权”指向右枢星（天龙座 α ）。

上古时代的指极星是斗魁的第三星和第四星，也就是天玑（大熊座 γ ）和天权（大熊座 δ ）星。从天玑引一直线至天权并延伸大约三倍的距离，就是右枢星（天龙座 α ）（图 10）。“右枢”的本义是指紫微垣右垣（西蕃）门端的枢纽，与之相对的还有“左枢”，两枢之间是进入紫微宫的天门，文献称之为“阊阖门”。《宋史·天文志》记载：“紫微垣东蕃八星，西蕃七星，在北斗北，左右环列……东蕃近阊阖门第一星为左枢……其西蕃近阊阖门第一星为右枢。”右枢成为北极星之后 1000 多年，中国才开始有文字记载的历史，因此文献中没有关于“右枢极星”的历史记载和传说故事，要恢复它在远古时代的面目，只能依靠考古天文学。

右枢星在恒星的“拜耳命名法”中命名为天龙座排名第一的 α 星，但它却不是天龙座最亮的星，而且位于龙的尾巴上。它的目视星等仅为 3.65 等，比天龙座最亮的 2.23 等 γ 星（天棓四）要低一个星等，甚至不如其他的 β 和 η 星。它之所以在天龙座排名第一，可能与它在历史上靠近北极有关，也可能是源自该星的阿拉伯文名称萨本（ثعبان，θ u'b ā n），意为

“蛇头”，英译名称为 Thuban，保留了“蛇头老大”的意思。

五、大金字塔的天文年代

希腊的荷马史诗时代（公元前 12—前 8 世纪，中国西周的《诗经》时代），以小熊座的科恰布（Kochab）星（即帝星，小熊座 β ）为北极星，这与中国的情况是一致的。那时的人们还没有发现岁差现象，并不知道北极星是会改变的。在古埃及文明时期，科恰布星并没有资格充当北极星；有证据显示，古埃及人已经发现了萨本星（右枢）非常靠近北极的特殊天象，并且将这一发现用于设计建造吉萨金字塔。

吉萨金字塔耸立在古埃及首都孟斐斯郊外、距开罗不远的吉萨（Giza）高地上，共有 10 座，是古代世界七大奇迹之一，几千年完好无损，直到公元 820 年阿拉伯君主哈里发阿尔·马蒙派工匠凿开隧道闯进最大金字塔内部深处的三间墓室，人们才开始了解其内部结构。大金字塔内的深部从下往上有三个主室，即地下室（未完成的墓室）、王后墓室和国王墓室（以下简称“王室”），各室之间有大走廊、通道和竖井相连接。自 17 世纪以来人们已经知道，王室南北两端各有一条指向南北的斜直狭长的井筒状孔道，直达金字塔外。这些孔道的截面积大约为 23 × 22 厘米，人类探险家无法进行勘察，其用途一直是未解之谜，过去认为是“通风孔”，或者认为是墓主人法老的“灵魂出口”。

1872 年英国工程师威尔曼 · 迪克森发现王后室内也有两条同样的孔道，不过这两条孔道都没有直通到金字塔外部。[1] 可以观察到孔道的建造方法是，砌筑前先在每块相应位置的水平石头上凿出固定角度的斜槽，然后把两块带槽的巨石合砌成正南或正北向斜直上升的孔道，并一直向上拼接到金字塔斜面上的出口。1936 年英国探险家霍华德 · 瓦尔斯在国王墓室的辅助室内发现石头上有建筑工人刻上的各种记号和凿痕，其中有一块写着“工匠组。胡夫国王是多么伟大”。因此大金字塔被认为是埃及古王国第四王朝第二任法老

[1] 〔英〕罗伯特 · 包维尔、埃德里安 · 吉尔伯特：《猎户座之谜》，冯丁妮译，海南出版社，2000 年，第 101—102 页。

胡夫（Khufu，希腊人称为“齐奥普斯”Cheops）的陵墓，胡夫大约葬于公元前 2568 年。

1864 年，苏格兰的皇家天文学家、爱丁堡大学教授查尔斯·皮亚齐·史密斯（Charles Piazzi Smyth）出版了《我们从大金字塔获得的遗产》（*Our Inheritance in the Great Pyramid*）一书，他实地考察过胡夫大金字塔，曾经雇佣过迪克森，并在他的书中对迪克森发现王后室孔道进行了详细的报道。史密斯亲自测量过金字塔的数据，认为胡夫大金字塔与“中星”观测有关，因而具有天文学意义。根据天文学家约翰·赫歇耳的一项建议，他提出大金字塔向下通道的斜度角为 27°17′，与天龙座 α 星围绕天北极旋转时的最低摆幅（下中天）成一直线，即天龙座 α 正好位于天子午线上，成为“中星”。当天龙座 α 星与天北极的距离为 3°42′ 时，构成这一直线。按照史密斯的说法，古埃及人测得大地的中心坐标为北纬 30° 和东经 31° 整，而这个地点就在吉萨金字塔；今测大金字塔位于北纬 29°40′。假定地球自转轴的进动周期为 26000 年，因为岁差原因，天龙座 α 曾经在靠近和离开北极的过程中，先后两次经过极距 3°42′ 的位置，前次是公元前 3440 年，后次是公元前 2170 年，均会造成金字塔孔道与天龙座 α 连成一直线的现象。事实上史密斯的结论是错误的，大金字塔的地理纬度位于北纬 29º58′51″[1]，而历史文献有关古埃及王表记载的胡夫年代也与上述两个年份不符。然而，史密斯关于“中星”观测的研究方法具有启发性，后来的研究表明大金字塔确实具有天文学意义，不过不是天龙座 α 的“下中天”，而是其“上中天”；指向北极星的指极线不是大金字塔的下坡道，而是其北孔道。

1880 年具有建筑学知识的埃及学家弗林达斯·皮特里（Flinders Petrie），根据王室孔道出露在外的部分测量了坡度数据，其中北孔道在外边的 30 英尺（约 9 米）处坡度为 30º43′—32º4′ 不等；南孔道在外边的 70 英尺（约 21 米）处坡度 44º 26′—45º30′ 不等。他还给出了王后室孔道的平均测量值，北孔道坡度 37º28′，南孔道坡度 38º28′，误差不超过 6 弧分。[2]

---

[1] 〔英〕罗伯特·包维尔、埃德里安·吉尔伯特:《猎户座之谜》，冯丁妮译，海南出版社，2000 年，第 105 页。

[2] 〔英〕罗伯特·包维尔、埃德里安·吉尔伯特:《猎户座之谜》，冯丁妮译，海南出版社，2000 年，第 101、103 页。

20 世纪 60 年代，埃及学家亚历山大·巴德威（Alexander Badwy）提出国王墓室的孔道可能是通向星星的通路，他请天文学家弗吉尼亚·特林布尔（Virginia Trimble）女士做岁差计算来证实他的理论。1964 年他们在德国《埃及学杂志》发表了研究结论：大金字塔王室北孔道的斜度角为 31º，与天龙座 α 星位于上中天时的最高弧拱成一直线；南孔道的斜度角为 44.5º，与猎户座腰带三星中的最低星上中天时成一直线，弗吉尼亚·特林布尔计算了猎户座腰带三星在公元前 2600 年的赤纬（表 5）[1]。

表 5

猎户座腰带三星	前 2600 年赤纬	地平高度
参宿一（猎户座 ζ 星）	–15º33′	60º02′–15º33′ = 44º29′
参宿二（猎户座 ε 星）	–15º16′	60º02′–15º16′ = 44º46′
参宿三（猎户座 δ 星）	–15º45′	60º02′–15º45′ = 45º17′

[1] a.〔美〕E. C. 克鲁普：《重新认识过去——威灵的金字塔、沉没的陆地和古代太空人》，收入〔美〕阿贝尔等：《科学与怪异》（文集），中国科普研究所译，上海科学技术出版社，1989 年。b.〔英〕罗伯特·包维尔、埃德里安·吉尔伯特：《猎户座之谜》，冯丁妮译，海南出版社，2000 年，第 104—107 页。

吉萨地区所见天赤道的地平高度是本地地理纬度的余角（90º – 29º59′ = 60º01′），天赤道被看作是赤纬零度，在其以南的赤纬为负值，中星的高度与天赤道（零赤纬）的高差在数值上等于恒星的赤纬值，天球南半球的中星高度等于天赤道零点高度（60º02′）减去其赤纬的绝对值（图 11）。

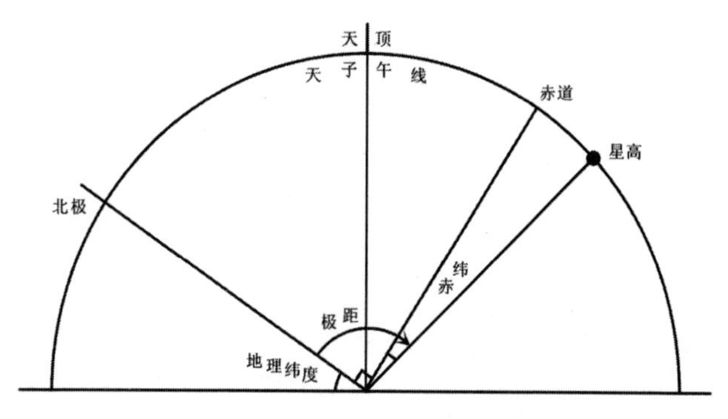

图 11　中星高度示意图

弗吉尼亚·特林布尔的计算结果表明，参宿一（猎户座 ζ 星）在公元前 2600 年的地平高度（44º29′）与王室南孔道的坡度（44.5º）非常符合（表 5），猎户座腰带三星与地面三座金字塔的位置正好对应。

接着 1989 年英国建筑工程师罗伯特·包维尔（Robert Bauval）发现王后室南侧的孔道指向天狼星，

北侧孔道指向帝星（小熊座 β 星）。[1] 至此胡夫大金字塔四个孔道都有了明确的天文准线（图 12）。

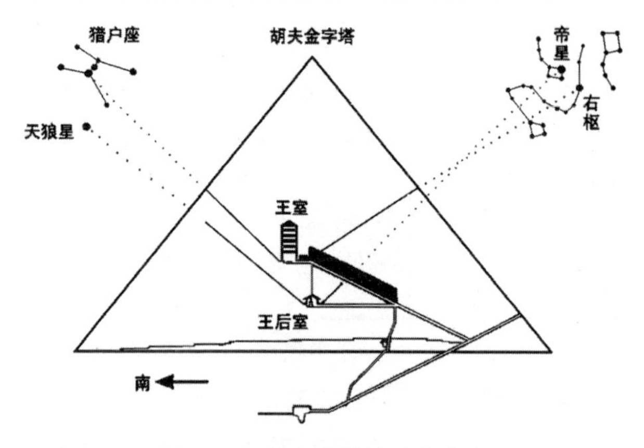

图 12　胡夫金字塔的天文准线

1991 年德国遥控机械装置工程师和机器人专家鲁道夫・甘登布林克（Rudolf Gantenbrink）开始对大金字塔里面进行精密检测；1993 年他使用小型机器人从王后室南孔道入口处向上爬行 65 米，发现了一座紧闭并附有青铜配件的石门。包维尔的畅销书《猎户座之谜》详细报道了这一重大发现，并公布了甘登布林克对各孔道的精确测量数据。实际上只有两家测量数

[1] 〔英〕罗伯特・包维尔、埃德里安・吉尔伯特:《猎户座之谜》，冯丁妮译，海南出版社，2000 年，第 138 页。

据被用于天文年代的计算，而以最新机器人的测量数据为准，列如下表（表 6）[1]。

表 6

孔道位置	指向中星	皮特里		甘登布林克	
		坡度	年代	坡度	年代
王室南	参宿一	44°30′	前 2600	45°00′	前 2475
王室北	右枢	31°00′	前 2600	32°28′	前 2425
王后室南	天狼	38°28′	前 2750	39°30′	前 2400
王后室北	帝星	37°28′		39°00′	

2005 年埃及的米尼亚大学美术学院公布了《德国－埃及保护和修复会议记录》[2]，该记录说明胡夫金字塔的四条"通气孔"都是天文准线，分别指向正在穿越天子午线的四颗特殊恒星：王室北孔道指向天龙座 α 星（右枢），南孔道指向猎户座 ζ 星（参宿一）；王后室的北孔道指向小熊座 β 星（帝星），南孔道指

[1] 〔英〕罗伯特·包维尔、埃德里安·吉尔伯特：《猎户座之谜》，冯丁妮译，海南出版社，2000 年，第 183、225 页。

[2] 〔埃及〕米利亚大学美术学院（Faculty of Fine Arts）：《德国－埃及保护与修复会议记录》（*Proceedings of the German-Egyptian Conference on Conservation and Restoration*），米利亚大学（Minia University），2005 年，第 17—18 页。

向天狼星（大犬座 α 星）（图 12）。[1]

上述说法得到金字塔象形文字的印证，这些铭文是祭司在去世的法老葬礼仪式上诵读的祝祷文书，从乌纳斯国王开始刻写在古王国第五、第六王朝国王的金字塔墓室内的石壁上。铭文表示法老死后会复活成为奥西里斯神（Osiris）[2]。金字塔文最早的篇章之一讲到国王将成为围绕天极的星体之一——北极星，因为它在埃及从未显示落下来，因而被认为是永久的象征。[3] 第六王朝国王特提（Teti）的金字塔铭文称奥西里斯为"天空之王"[4]，另一国王佩皮（Pepi）一世的金

[1] a.〔英〕罗伯特·包维尔、埃德里安·吉尔伯特:《猎户座之谜》，冯丁妮译，海南出版社，2000 年，第 186 页。b. 陈春红、张玉坤:《一个时空观念的表达——论吉萨金字塔的天文与时空观》,《建筑学报》2011 年第 S1 期（学术专刊）。

[2] a. 阴玺:《俄赛里斯——古埃及的冥神和丰产神》,《西北大学学报（哲学社会科学版）》1992 年第 3 期。b. 黄庆娇、颜海英:《〈金字塔铭文〉与古埃及复活仪式》,《古代文明》2016 年第 4 期。

[3] 刘文鹏:《古代埃及史》，商务印书馆，2000 年，第 230 页。

[4] 〔美〕艾伦（J. P. Allen）:《古埃及金字塔铭文》（*The Ancient Egyptian Pyramid Texts*），圣经文献协会（Society of Biblical Literature, Atlanta），亚特兰大，2005 年，第 129 页。

字塔文则将奥西里斯描绘为塞特（Seth）的猎户座。[1] 大量的金字塔铭文提到奥西里斯“以猎户座的身份出现”[2]。

第十九王朝拉美西斯二世（Ramesses Ⅱ）时的纸草书《都灵王表》（*Turin Royal Canon*）及公元前3世纪古埃及祭司曼涅托（Manetho）所著《埃及史》（*Aegyptiaca*），都提到奥西里斯是古埃及“神王时代”的国王，在那个时代众神直接统治着埃及，人们丰衣足食。而在金字塔铭文中奥西里斯是伊西斯的丈夫，世俗国王荷鲁斯的父亲。

为了说明我们所要讨论的问题——天文学的起源与人类文明进程的关系，我们需要理解上古埃及社会由“神王朝”向“人王朝”发展演变的历史线索，为此对古埃及的宗教也必须有所了解。埃及宗教起源于原始的多神教，随着文化的发展和繁荣，在原始

[1] a.〔美〕艾伦（J. P. Allen）:《古埃及金字塔铭文》（*The Ancient Egyptian Pyramid Texts*），圣经文献协会（Society of Biblical Literature，Atlanta），亚特兰大，2005年，第129页。b. 田天:《藉由“格尔塞调色板”对〈金字塔文〉中“天空的公牛”的考察》，收入李根利编:《燕园史学》第11辑，辽宁人民出版社，2016年。

[2] 〔英〕罗伯特·包维尔、埃德里安·吉尔伯特:《猎户座之谜》，冯丁妮译，海南出版社，2000年，第90—93页。

宗教统一的过程中，有三个神学中心赫里奥坡里斯（Heliopolis）、赫尔摩坡里斯（Hermopolis）和孟斐斯（Memphis）先后形成三个宇宙创世论体系。[1] 反映早王朝最早的创世神话是下埃及太阳城的“赫里奥坡里斯神学”，其创世主是该城的保护神——太阳神“阿图姆”，由太阳神及其子孙构成“九柱神”体系，早期的“大九神”是：阿图姆－拉（日）、舒（风）、泰弗努特（雨）、盖伯（地）、努特（天）、奥西里斯、塞特、伊西斯、娜芙蒂斯。中埃及的“赫尔摩坡里斯神学”提出“八神团”创世体系，包括四对夫妻神：努恩和努涅特（水和毒蛇），海赫和海亥特（永生），凯库和凯开特（黑暗），阿蒙和阿蒙涅特（神秘）。晚后时期阿蒙以太阳神而著称，变成最重要的王朝保护神。与太阳城神学不同的是，赫尔摩坡里斯的阿蒙夫妇是四对神中最晚的一代。下埃及的白城孟斐斯（意为“普塔神灵之家”）吸收了前两个神学系统，提出了以本地保护神——普塔神为创世神的“九神团”体系，以凸显孟斐斯作为首都的重要地位。孟斐斯神学的“九神团”是：普塔、阿图姆－

[1] 刘文鹏：《古代埃及史》，商务印书馆，2000 年，第 119—128 页。

拉、舒、盖伯、奥西里斯、塞特、荷鲁斯、托特、玛阿特。除了创世主之外，孟斐斯神学与太阳城神学的大部分神相一致，白城与太阳城相近，显示出宗教统一的趋势。

古埃及的早期历史一般划分为“神王朝—半神朝—人王朝”三个时代。在神王朝时代,基本的神谱是，“大九神”共有六代：第一代阿图姆（太阳）是创世主，第二代是太阳神的一对儿女舒（风）和泰弗努特（雨），第三代是风雨神的儿女努特（天）和盖伯（地），第四代是天地神的两对儿女奥西里斯（河神）和伊西斯（王妻）、塞特（旱神）和娜芙蒂斯（王妹），第五代是以荷鲁斯（隼鹰）为首的“小九神”，第六代是荷鲁斯之子组成的“第三九神”。此后经过半神、神人或英雄时代，过渡到人王朝时代。传说故事最为丰富的三位男主神首推奥西里斯，他是尼罗河神、冥王等，在埃及壁画中的形象为头戴王冠、坐在王座上的木乃伊；塞特（Seth）是干旱和沙漠之神等，他的故乡在上埃及北部的涅伽达（Ombos-Naqada），他是“红土地”（上埃及）的保护神，形象为豺头人身的神祇；荷鲁斯（Horus）是战神和法老守护神等，他的故乡在上埃及南部的希拉康坡里斯（Hierakonpolis，意为隼神荷鲁斯之城），他是“黑土地”（下埃及）的保护神，形象为鹰首人身、头戴王冠的神祇。

有关神话故事见载于金字塔铭文、第十八王朝官员阿蒙摩斯（Amenmose）石碑上的《奥西里斯赞美诗》（*Hymn to Osiris*）、第二十王朝（公元前1186—前1069）拉美西斯五世纸草书《荷鲁斯与塞特的争斗》（*The Contendings of Horus and Seth*）、第二十五王朝法老《沙巴卡石碑》（亦称《孟斐斯神学》）等，古罗马普鲁塔克著《伊西斯与奥西里斯》（*De Iside et Osiride*）有详细记载。传说天空女神努特（Nut）和大地之神盖伯（Geb）有两个儿子奥西里斯和塞特，两个女儿伊西斯（Isis）和娜芙蒂斯（Nephthys）；奥西里斯和伊西斯结婚，娜芙蒂斯和塞特结婚。地神盖伯把王位传给了奥西里斯，奥西里斯是一位贤明的国王，他建立了法规，在大臣托特神的帮助下教给臣民宗教和文明。奥西里斯获得国民的崇敬，也得到了他的另一位妹妹娜芙蒂斯的爱，这引起了他的兄弟塞特的极大妒忌。28年后塞特设计谋害了他，并取代了他的王位。塞特以游戏为名诱使国王进入一个特定的木箱，然后把木箱钉死投入尼罗河，使国王溺水而亡。奥西里斯的妻子伊西斯相信只要找到丈夫的尸体，就可以使他复活。箱子漂流到地中海东岸叙利亚的港口毕布罗斯（Byblos）；伊西斯历尽艰辛找到箱子，并向叙利亚国王说明真相，把尸体运回尼罗河三角洲的布托（Buto）。不料被塞特发现后，塞特把尸体碎分为 14 块，散弃埃及各地。伊西斯和妹妹娜芙蒂斯艰难地一一找回尸块，在木乃伊制作者阿努比斯（Anubis）神的帮助下，将其缝合捆绑成为木乃伊，并借助神力，使其幽灵附会木乃伊而复活，生下他们唯一的儿子荷鲁斯。已成为木乃伊的奥西里斯复活为阿赫（神灵），但不能待在人间，故此前往冥府做了冥王。伊西斯把荷鲁斯藏匿在尼罗河三角洲的湿地凯姆尼斯（Khemnis）秘密地抚养长大。荷鲁斯长大后，伊西斯把他带到太阳城"九柱神"的大法庭，经过审判，地神盖伯判决荷鲁斯合法继承王位。荷鲁斯为父报仇，打败了塞特，统一了上、下埃及，成为统治全埃及的国王。于是"已故的国王＝奥西里斯，在世的国王＝荷鲁斯"；死去的国王受到奥西里斯神的保护，在世的国王受到荷鲁斯神的保护，在全埃及成为基本的宗教信仰。[1]

传统的埃及史开始于“神朝”，按太阳城神学（金字塔文、纸草文献、古希腊狄奥多拉斯等有记载），第一神朝是以太阳神为首的“大九神”，第二神朝是以荷鲁斯为首的“小九神”，第三神朝是荷鲁斯子孙组成的“第三九神”。曼涅托《埃及史》系统记述了埃及从“神王朝”到“人王朝”的发展史，在两者之间还有一段“神人（英雄）和亡灵朝”的历史。《都灵王表》的“神王时代”以荷鲁斯神而结束，在“神王朝”之后还提到“荷鲁斯门徒王朝”（荷鲁斯的追随者及其亡灵）。有研究者认为“荷鲁斯门徒”是希拉康坡里斯和布托的诸王，这两地分别是上、下埃及的首府。有两个连续的记录涉及“帕（布托）的灵魂，作为下埃及的荷鲁斯的追随者”和“涅亨（希拉康坡里斯）的灵魂，作为上埃及的荷鲁斯的追随者”。这些“荷鲁斯门徒（追随者）”通常被解释为前王朝晚期的国王，是“人王朝”的第一王朝建立者美尼斯（Menes）的先驱，相当于曼涅托

[1] a. 阴玺:《俄赛里斯——古埃及的冥神和丰产神》,《西北大学学报（哲学社会科学版）》1992 年第 3 期。b. 李模:《论古代埃及的奥西里斯崇拜》,《贵州社会科学》2013 年第 2 期。

王表的“神人和亡灵朝”[1]。“人王朝”第一王朝的每一位国王的名号都带有第一头衔“荷鲁斯”，以表明王权神授，即是从荷鲁斯那里合法继承而来的统治权力。

奥西里斯是从“神王时代”向世俗王权转变的关键人物，他具有多重身份：首先他在尼罗河溺水而死，因而成为尼罗河神——这与中国古代神话故事中的“河伯”相似；其次尼罗河灌溉了肥沃的土壤，滋养了草木作物，他因而又是农神、植物神和丰产神等；传说他死而复活（成为“阿赫”）后，恢复了王者身份，成为冥府之王；最终他离开冥府，升至天空，成为永恒的“天空之王”。

在金字塔铭文中，奥西里斯的名字写作、或，由王座和眼睛两个符号组成“眼睛王座”；后来加神性限定符写作、，表示“坐在王座上的人”或“王座持有者”[2]。我们认为奥西里斯的“王座之眼”可能就是王位的护身符——“荷鲁斯之眼”。传说

[1] 刘文鹏：《古代埃及史》，商务印书馆，2000 年，第 77—79、115—116 页。

[2] 阴玺：《俄赛里斯——古埃及的冥神和丰产神》，《西北大学学报（哲学社会科学版）》1992 年第 3 期。

荷鲁斯在与塞特的争斗中，塞特趁荷鲁斯熟睡之机，挖走了荷鲁斯的眼睛，后来荷鲁斯打败塞特，夺回了的自己眼睛。金字塔铭文记载说：

> 你（奥西里斯）的儿子荷鲁斯击败了他（塞特），并从他手中夺回了自己的眼睛，把他献给了你。[1]
>
> 奥西里斯，给你荷鲁斯之眼，让荷鲁斯之眼的香气扑向你。
>
> 奥，我是图特！给国王（奥西里斯）祭品……图特……带着荷鲁斯眼走向祭坛。奥西里斯，荷鲁斯给你他的眼睛，请接受它。[2]
>
> 荷鲁斯为你献上了他的眼睛，你将从中获得众神之首的王冠。[3]

---

[1] 袁珍：《金字塔铭文中的奥西里斯神话》，复旦大学硕士学位论文，2012 年，第 30 页。

[2] 黄庆娇、颜海英：《〈金字塔铭文〉与古埃及复活仪式》，《古代文明》2016 年第 4 期。

[3] 袁珍：《金字塔铭文中的奥西里斯神话》，复旦大学硕士学位论文，2012 年，第 31 页。

代表王座的奥西里斯接受了祭品“荷鲁斯之眼”，获得了能量和扶持，从而升上天空成为永恒之主。

奥西里斯的王座既是冥王之座，也是天王之座。第六王朝佩皮（Pepi）的金字塔文祝祷说：

> 接受你的位置，佩皮！在荷鲁斯的王座之上，作为被拯救的神以奥西里斯的形象，坐于冥世之主的王座，在阿赫与拱极星之中，做他过去的事。[1]

这段铭文描述法老去世后，离开荷鲁斯王座，登上奥西里斯王座，仍然像过去一样以王者的身份统治冥府所有的阿赫（幽灵）；然后升上天空，像过去一样以王者的身份统治所有的拱极星。此处铭文明确提到“拱极星”，那么奥西里斯的王座就是当时的北极星天龙座 α 星；“荷鲁斯之眼”就是王座附近的帝星小熊座 β 星（图 8、图 10）。王座离不开眼睛。小熊座 β

---

[1] 袁珍：《金字塔铭文中的奥西里斯神话》，复旦大学硕士学位论文，2012 年，第 34 页。

星（帝星）是北天区最亮的星，目视星等为2.12等[1]，比天龙座 α 星（3.64等）[2]要亮1.5等，这表明眼睛之星要亮过王座之星，它的光芒照亮了王座，在神话中表现为荷鲁斯拯救了父亲奥西里斯。金字塔铭文记载说：

> 儿子拯救了他的父亲：荷鲁斯拯救了奥西里斯。
>
> 荷鲁斯使你的臂膀环绕所有的神。荷鲁斯渴望他的父亲，荷鲁斯不会让你失望。荷鲁斯不会离你而去，因为荷鲁斯要照顾他的父亲。
>
> 荷鲁斯为你抓住了你的敌人，他们中没有人敢背对着你。[3]

这里关于儿子要照顾父亲、不会离去的表述，就

---

[1] 南京大学天文系:《全天恒星表》，南京大学出版社，1972年，第865页。

[2] 南京大学天文系:《全天恒星表》，南京大学出版社，1972年，第489页。

[3] 袁珍:《金字塔铭文中的奥西里斯神话》，复旦大学硕士学位论文，2012年，第30页。

是描写的“眼睛”与“王座”之间的关系，即帝星和右枢的关系；有关环绕诸神、无人背对的描写，就是对拱极星环绕北极星旋转的一种表述。

在众多的金字塔铭文中，国王、奥西里斯和猎户座三者的关系十分密切，国王有时比作奥西里斯和猎户座，天狼星象征奥西里斯的妹妹和妻子伊西斯。[1]在一些咒文中，猎户座代表奥西里斯，和他的妹妹伊西斯同时出现。[2]第五王朝乌纳斯（Unas）的金字塔文说：

> 天空之路已为您（法老）开辟，一条道路供您离开冥府；去往猎户座所在之处的道路已经开辟……[3]
>
> 猎户座会向他（法老）伸出手臂，天狼星会

[1] 〔美〕艾伦（J. P. Allen）:《古埃及金字塔铭文》(*The Ancient Egyptian Pyramid Texts*)，圣经文献协会（Society of Biblical Literature, Atlanta），亚特兰大，2005 年，第 127 页。

[2] 田天:《藉由“格尔塞调色板”对〈金字塔文〉中“天空的公牛”的考察》,收入李根利编:《燕园史学》第 11 辑，辽宁人民出版社，2016 年。

[3] 〔美〕艾伦（J. P. Allen）:《古埃及金字塔铭文》(*The Ancient Egyptian Pyramid Texts*)，圣经文献协会（Society of Biblical Literature, Atlanta），亚特兰大，2005 年，第 121 页。

握住他的手臂……[1]

此处铭文记载的“天空之路”有两条：第一条路“离开冥府”，应该是去往拱极星的道路；第二条路是“去往猎户座”的道路。这正好是大金字塔王室的两条狭长孔道：正北向孔道指向上中天的天龙座 α 星（右枢）；正南向孔道指向上中天的猎户座 ζ 星（参宿一）。

王后室南孔道指向的天狼星更加明亮：天狼星是所有恒星中最明亮的星，目视星等为 –1.46 等[2]，比猎户座 ζ 星（2.05 等）[3] 要亮 3.5 等。这就是说，如果法老升天后前往猎户座，和他同时出现的王后星要比他明亮，王后之星的光芒总是超过并照耀着国王之星。这样的情景与神话故事描述的情况非常符合：奥西里斯被塞特谋杀后，是妻子伊西斯使其复活；当奥西里

[1] 〔美〕艾伦（J. P. Allen）：《古埃及金字塔铭文》（*The Ancient Egyptian Pyramid Texts*），圣经文献协会（Society of Biblical Literature，Atlanta），亚特兰大，2005 年，第 186 页。

[2] a. 本书编辑委员会：《中国大百科全书 · 天文学》，中国大百科全书出版社，1980 年，第 590 页。b. 叶叔华主编：《简明天文学词典》，上海辞书出版社，1986 年，第 100 页。

[3] 南京大学天文系：《全天恒星表》，南京大学出版社，1972 年，第 182 页。

斯前往冥府为冥王之后，是伊西斯秘密抚养荷鲁斯长大成人，并把他带到九神会使他继承了王位。如金字塔文记载说："伊西斯……天狼星，荷鲁斯来自你（伊西斯），就像荷鲁斯在天狼星中"。[1]

天狼星在埃及文化中有着重要地位。天狼星每年有 70 天的时间消失在地平线之下，它再次同太阳一起从天空升起的那天，恰巧也是尼罗河涨潮的开始。埃及历法把天狼星"偕日升"与尼罗河涨潮作为新的一年的开始，这就是"天狼星始见－尼罗河涨潮－岁首"三合一的新年。古埃及人认为这一天是尼罗河神奥西里斯死而复活的日子，因此把奥西里斯称为新年的宣告者（Year's Announcer）[2]。在天空中天狼星总是追随在猎户座之后东升西落。在吉萨地点所见，新年伊始，清晨猎户座出现在东南方尼罗河之上的天空，天狼星在一年中首次出现于东方地平线——尼罗河的水面上，故此埃及人称天狼星为索迪斯（Sothis），意为"水

[1] 袁珍：《金字塔铭文中的奥西里斯神话》，复旦大学硕士学位论文，2012 年，第 37 页。

[2] 袁珍：《金字塔铭文中的奥西里斯神话》，复旦大学硕士学位论文，2012 年，第 18 页。

上之星”（图 13）。古埃及人认为尼罗河是生死的分界线——东岸是生者之地，西岸是死者之地；包括金字塔和“国王谷”在内的墓地几乎都位于尼罗河西岸。

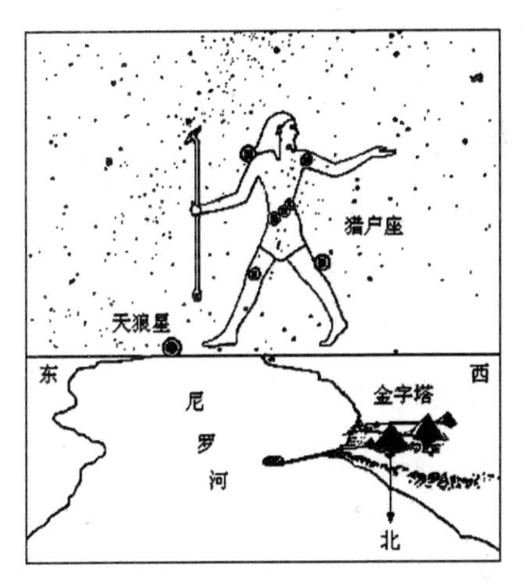

图 13 “天狼星始见”示意图

综上所述，北天区的右枢星（天龙座 α ）代表古埃及的奥西里斯王座，帝星（小熊座 β ）代表“荷鲁斯之眼”，它们的组合象征着统一的王权；南天区的猎户座是古埃及的尼罗河神，天狼星是“水上之星”，它们的组合象征着古埃及统一的历法。北极星和帝星是埃及法老去世后的最终归属，历法则是统治者祭祀神灵和祖先，民众从事生产劳动和日常生活都要遵循的秩序法则。胡夫金字塔把这样的宗教信仰和秩序法则用天文准线的方式，固化在“大地中心”；它不仅仅是一座法老的陵墓，而且是举行宗教仪式活动的场所。我们透过其物质形式，看到了隐藏在其中的信仰观念和文化底蕴。总之，宗教信仰和文化认同，是埃及统一的专制王权得以建立和巩固的基础。

如前所述，大金字塔中隐含着若干条天文准线，那就可以计算其天文年代。受地理纬度的影响，恒星的高度是其观测地纬度的余角，同时又是该恒星的极距与北极高度（地理纬度）的代数和，而极距则是该恒星赤纬的余角（图 11）。总之，某一纬度位置观测到的恒星的中星高度，限制了该恒星的赤纬，而根据岁差原理，恒星赤纬随年代而变化，从而可计算该地所见中星高度的天文年代。

前文介绍了矩阵转换计算远距历元恒星位置的基本原理，原则上任意年代的恒星赤纬都可由矩阵转换计算得到，但事实上这样的天文计算还是非常烦琐的，这不得不令我们对前辈学者独立进行的计算工作肃然起敬。现在我们有了非常实用的免费开放的天文演示软件 SkyMap Pro，可以很方便地查知天体在某一年代的位置数据，我们从中采集足够的数据，就可以使原来复杂的函数关系，变为简单的“赤纬－年代”线性关系，从而通过线性内插法求解其天文年代。

下面我们来计算金字塔的天文年代。首先要判断古埃及人对角度测量的准确度。史密斯说吉萨金字塔是埃及人测得的大地中心，他们测得的纬度位置是北纬 30º 整，这是很合理的推断，因为 30º 角的斜长是对边的两倍，这种神秘的整数倍关系，很可能就是古人选址“地中”的依据。史密斯本人实测的吉萨纬度为 29º40′，那么埃及人所测的高度角有 20 角分的误差，在天球上相当于月球的 2/3 宽度，后来证明这是史密斯的纬度测量有误造成的。对大金字塔的底边长达 230 米的基线进行测量，四边分别朝向正东、正南、正西、正北方向，偏差非常之小，具体情况是：[1]

北边：	向西南偏	2′ 28″
南边：	向西南偏	1′ 57″
东边：	向北西偏	5′ 30″
西边：	向北西偏	2′ 30″

[1] 刘文鹏：《古代埃及史》，商务印书馆，2000 年，第 245 页。

上列数据显示古埃及人对方位角测量的误差不超过 6 弧分，即 ±3′。

更准确的纬度数据有上文提到的北纬 29º58′51″，与 30º 整仅差 1 弧分略多，这可能是利用拱极星的周日视运动圆弧测北极不动点时，由 1′ 多的蒙气差所造成，因为仪器和人眼造成的误差可用重复测量取平均值消除，而蒙气差则未被认识而不可能被扣除。金字塔方向的误差包括仪器和人眼误差在内，故大于不动点的误差。基于上述原因，在计算天文年代时，对地理纬度、孔道坡度、恒星高度和极距等数据，仅取值到角分（′）为止。

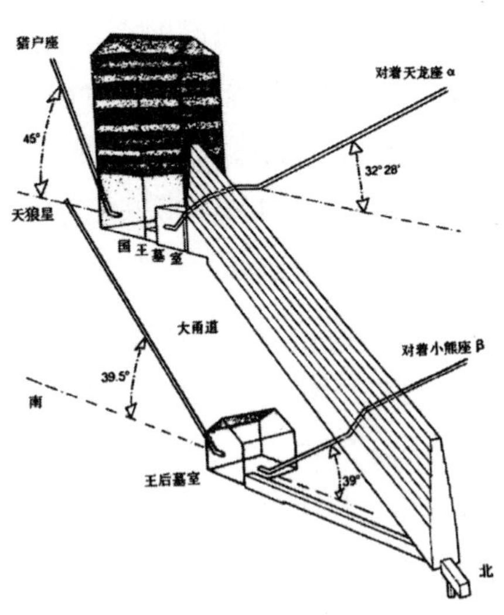

图 14　大金字塔孔道的坡度

我们取大金字塔国王室和王后室孔道的坡度数据如左图所示（图 14），这些坡度就是其指向中星的高度（星高）。

取吉萨地理纬度＝29°59′，地理纬度＝北极高度，对于在天赤道以南的中星，如图 11 所示，有

极距＝180°–（星高＋地理纬度）

赤纬＝90°–极距（注：南赤纬为负值）

星高＝90°+赤纬–地理纬度

对于在天赤道以北的中星有

极距＝星高–地理纬度

赤纬＝90°–极距

星高＝90°–赤纬＋地理纬度

兹将大金字塔四孔道的坡度，与指向中星的极距、赤纬等，列如下表（表 7）。

表　7

	坡度	指向中星	极距	赤纬
王室南孔道	45°00′	参宿一（猎户座 ζ）	180°–（45°00′+29°59′）＝105°01′	90°–极距＝–15°01′
王室北孔道	32°28′	右枢（天龙座 α）	32°28′–29°59′＝2°29′	90°–极距＝87°31′
王后室南孔道	39°30′	天狼（大犬座 α）	180°–（39°30′+29°59′）＝110°31′	90°–极距＝–20°31′
王后室北孔道	39°00′	帝星（小熊座 β）	39°00′–29°59′＝9°01′	90°–极距＝80°59′

我们从天文演示软件 SkyMap Pro 中采集数据，使原来复杂的函数关系，变为简单的线性关系。采集和换算得到的数据，一并列为时间系列的函数表（表 8）。

表 8　中星“年代 – 赤纬”函数表

单位：(°)

年代	右枢		参宿一		天狼		帝星	
（公元前）	赤纬	星高	赤纬	星高	赤纬	星高	赤纬	星高
–2300	87.238	32.745	–14.1	45.917	–20.236	39.781	81.15	38.833
–2350	87.519	32.464	–14.336	45.681	–20.381	39.636	80.982	39.001
–2400	87.8	32.183	–14.576	45.441	–20.534	39.483	80.817	39.166
–2450	88.086	31.898	–14.821	45.196	–20.69	39.327	80.644	39.339
–2500	88.368	31.616	–15.062	44.955	–20.841	39.175	80.466	39.517
–2550	88.648	31.335	–15.306	44.711	–20.999	39.018	80.292	39.692
–2600	88.934	31.05	–15.556	44.461	–21.162	38.854	80.112	39.872

上表反映与大金字塔有关的中星“年代 – 赤纬”函数关系。表中数据每步进 50 年取一参考值，经拟合符合良好的线性关系（如图 15）。因此，若求步进间隔 50 年内的目标值，可由简单的直线内插法求得。下面具体计算大金字塔的四个天文年代。

（1）王室北孔道指向右枢星高 32.46° 的年代

大金字塔王室北孔道高度为 32°28′，设定它指向北极右枢星天龙座 α，这就限定了右枢作为中星的高度

星高＝32°28′＝32°.4667

北极高度＝地理纬度＝29°59′＝29°.9833

于是，右枢作为北极星的

极距＝星高－北极高度＝32°.4667–29°.9833＝2°.4834

保持这一极距有两种可能：第一种情况是右枢星上中天，星高超过北极高度，故有

星高＝北极高度＋极距＝29°.9833+2°.4834＝32°.4667

第二种情况是右枢星下中天，星高低于北极，故有

星高＝北极高度－极距＝29°.9833–2°.4834＝27.5°

第二种情况不符合大金字塔北孔道的指向，而与皮亚齐·史密斯《大金字塔》一书中提到的向下走廊通道的坡度（27°17′）比较接近。兹就第一种情况，依

据右枢星的“年代－赤纬－中星高度”数据（表8），转化为“年代－星高”变化线，为直观起见本书一律以年代为纵坐标，中星高度为横坐标，作出星高随年代上升或下降的曲线（实际为直线）。然后在直线上内插，求得星高32.46º对应的年代如下图所示（图15）：

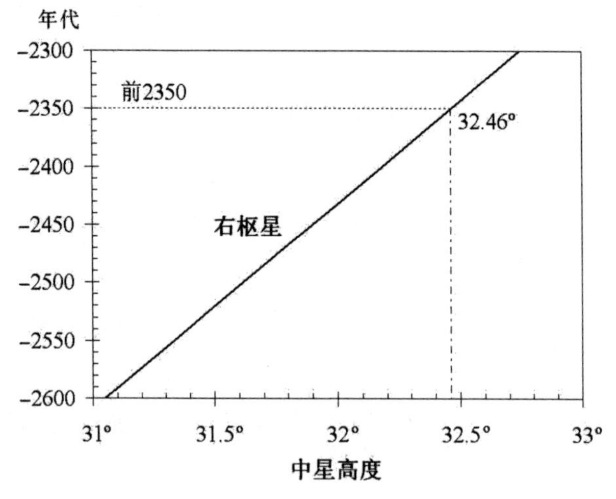

图15　右枢星的“年代－中星高度”变化线

图中显示，无需内插，直接从采集的原始数据中得到公元前2350年右枢星的中星高度为32.46º，此即大金字塔王室北孔道的指向高度。理论上王室北孔道设计的年代当为公元前2350年前后，但实际上它只是包括各种误差在内的计算值，并不代表真正的设计年代，具体情况见后文分析。

（2）王室南孔道指向参宿一星高 45° 的年代

我们先来定性地讨论问题，然后再定量地计算年代。猎户座腰带三星中位置最低的那颗星，西名猎户座 ζ 星，中名参宿一。为行文方便本书称“参宿一”或表述为“猎户座腰带低星”。现在的参宿一在天球上的位置大致位于“黄极－天极”连线上，也就是“黄极－天极－参宿一”近似连成一条直线（在天球上是大圆的弧）。猎户座位于天球的南半球，我们以南天极和南黄极附近的拱极星为例，可见猎户座和天蝎座大致对称分布在“天极－黄极”连线的两端方向上（图16）[1]。某一恒星与黄、赤二极连成一线的现象是非常罕见的，在北极围绕黄极转的一个岁差周期内，仅发生两次，且两次的方向完全相反。

[1] a.〔法〕C. 弗拉马里翁：《大众天文学》第 1 分册，李珩译，科学出版社，1966 年，第 42 页。b.〔法〕G. 伏古勒尔：《天文学简史》，李珩译，广西师范大学出版社，2003 年，第 7 页。

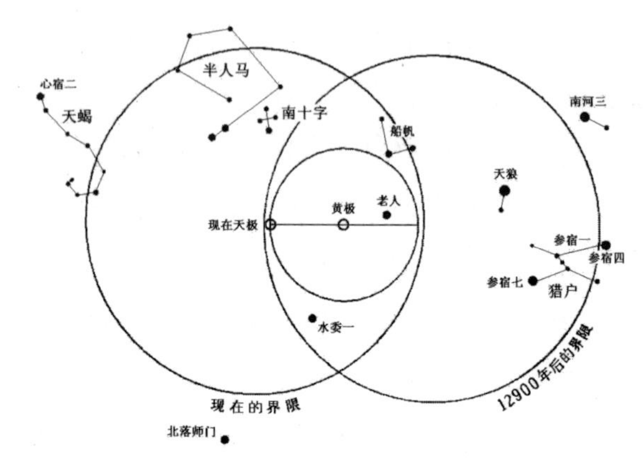

图 16 猎户座与“天极 – 黄极”连线

基于中星与黄、赤二极连成一线的事实，可以判断该恒星位置的两个极值，即岁差运动中的极距（极大、极小）和周日视运动中的星高（极大、极小）。在北极围绕黄极转的岁差运动中，现在正是猎户座离北极距离最近的时候，也是它在上中天时能够升到最高位置的年代。在黄极围绕北极转的周日视运动中，当参宿一上中天时，黄极的地平高度最低。如果向前推 12900 年（岁差半周期）左右，即公元前 10900 年前后，猎户座位于“北极 – 黄极 – 参宿一”的连线上，相当于把原来的三点连线倒转 180º，此时若参宿一上中天，则黄极的地平高度最高。

如图所示（图 17），古、今在同一地点观察天象，可见恒星与黄、赤二极在天子午线上连成一线，北极的高度不变，但黄极的高度由古时的极高变成现在的极低，变动幅度是古今两个黄赤交角的叠加值。按照岁差理论，北极围绕黄极转，则恒星的黄纬未变而赤纬随年代变化，也就是说恒星到黄极的距离（黄极距）未变，但到赤极的距离（极距）发生了改变。由于“黄极－北极－古黄极－天顶－星高－古星高”都在同一条天球子午线上定位和变化，黄纬和黄极距固定，于是有：中星在古今的

赤纬差＝地平高度差

高度变幅＝极距变幅＝黄极高度变幅

总之，恒星中天的高度，由最高值到最低值的下降幅度，等于古今黄赤交角之和（图 17）。

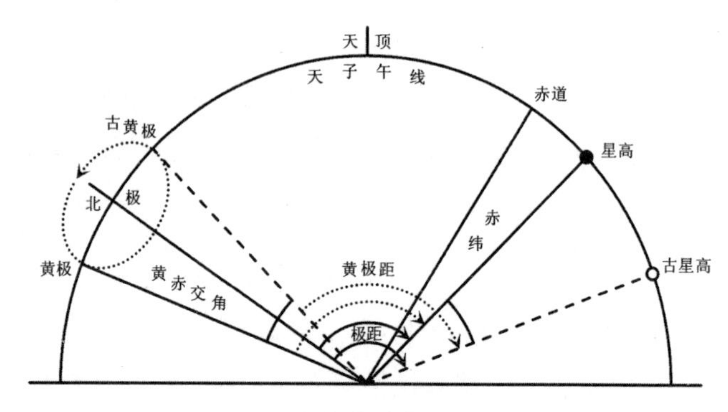

图 17 古今中星高度示意图

在岁差运动中，北极围绕黄极转；在周日视运动中，黄极围绕北极转。同一恒星古今黄极距不变而极距随年代变化，最大变幅是古今黄赤交角之和，也是古今中星高度的最大变幅。

在天象演示软件上，容易查到现在（J2000.0）在吉萨地点所见猎户腰带低星在中天时的高度约为 58º。当它的中天高度最低时，应在岁差周期的中点，约公元前 10900 年，这时猎户座极距最远，因而高度最低。其最低高度与最高高度的差值等于古今黄赤交角之和。

取黄赤交角今值（J2000.0）$\varepsilon = 23^{\circ}.439$，其古值（前 10900 年）$\varepsilon = 24.2^{\circ}$，两者之和为 47.6°。因此参宿一中天的最低高度 $= 58^{\circ} - 47.6^{\circ} = 10.4^{\circ}$，年代

约公元前 10900 年。（图 18）

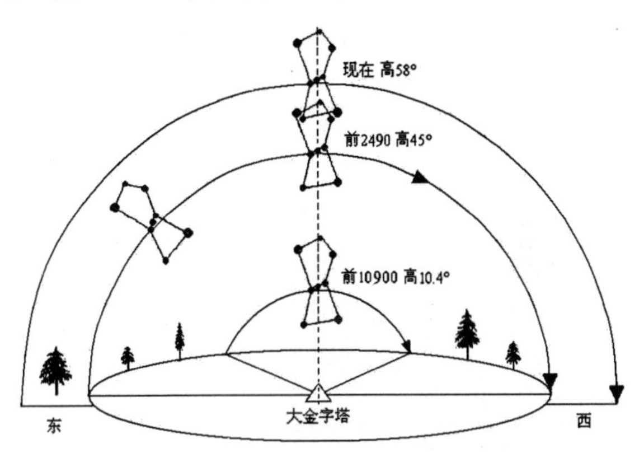

图 18　岁差与猎户座的高度

上面定性地讨论了猎户座中天高度与年代的关系，下面来定量地计算金字塔的天文年代。大金字塔王室的正南向孔道指向参宿一（猎户座 ζ ），这限制了该星作为中星的

星高＝ 45º

猎户座 ζ 星在天赤道以南，它的赤纬为负值，当它的高度＝ 45º 时，

赤纬＝ 45º+29º59′–90º ＝ –15 º.1667

依据参宿一的“年代 – 赤纬 – 中星高度”数据（表 8），转化为“年代 – 星高”变化线，内插求得参宿一

作为中星的高度为 45° 时，对应的年代为公元前 2490 年，如下图所示（图 19）：

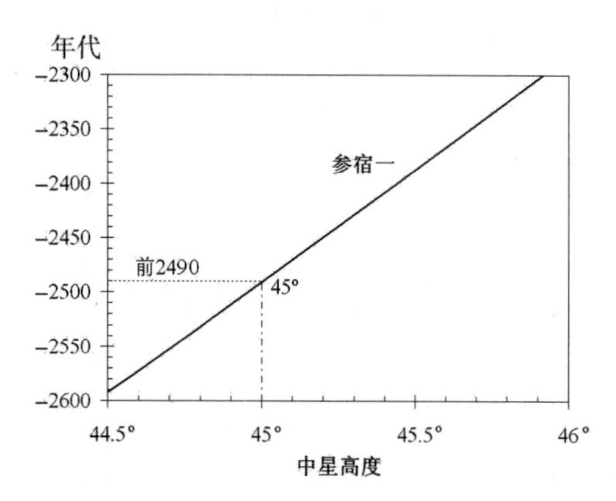

图 19　参宿一的“年代 – 中星高度”变化线

罗伯特 · 包维尔在他的名著《猎户座之谜》中指出猎户座 ζ 星高 45° 时的年代为公元前 2490 年[1]，与我们的计算结果完全一致。这个年代与右枢星符合北孔高的年代（前 2350）相差 140 年，是金字塔本身天文年代的最大差值，这说明南孔道与北孔道的设计可能源于不同测量方法得到的数据，不同来源的数据之间不能自洽，导致了较大的年代误差。

[1] 〔英〕罗伯特 · 包维尔、埃德里安 · 吉尔伯特:《猎户座之谜》，冯丁妮译，海南出版社，2000 年，第 153、203、206、209 页。

（3）王后室南孔道指向天狼星高 39.5° 的年代

王后室南孔道的高度为 39.5°，设定它指向中天的天狼星，这就限定了天狼星作为中星的高度只能是 39.5°，它的年代可以唯一确定。天狼星在天赤道以南，当它的高度＝ 39.5° 时，

赤纬＝ 39.5°+29°.9833–90° ＝ –20 °.5167

依据天狼星的“年代－赤纬－中星高度”数据（表 8），转化为“年代－星高”变化线，内插求得天狼星作为中星的高度为 39.5° 时，对应的年代为公元前 2395 年，如下图所示（图 20）：

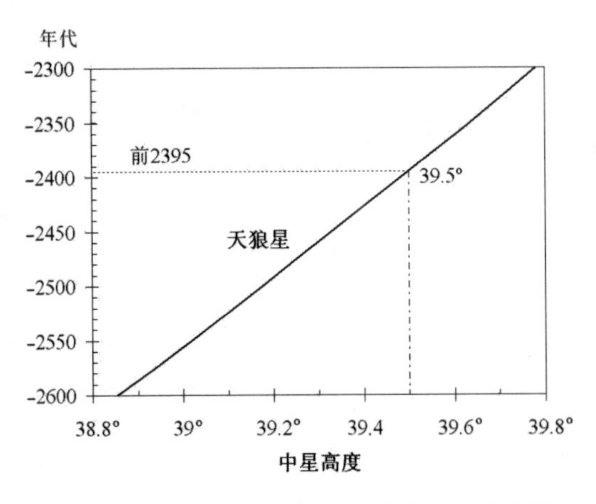

图 20　天狼星的“年代－中星高度”变化线

（4）王后室北孔道指向帝星高 39º 的年代

王后室北孔道的高度为 39º，设定它指向北天区到达上中天的帝星（小熊座 β），这就限定了帝星作为中星的高度只能是 39º，它的年代可以唯一确定。帝星是著名的拱极星之一，当它的中星高度＝ 39º 时，

赤纬＝极距＋北极高度＝（90º– 星高）＋地理纬度＝ 90º–39º+29º.9833 ＝ 80º.9833

依据天狼星的“年代 – 赤纬 – 中星高度”数据（表 8），转化为“年代 – 星高”变化线，无需内插，直接得到帝星的中星高度为 39º 时，年代为公元前 2350 年，如下图所示（图 21）：

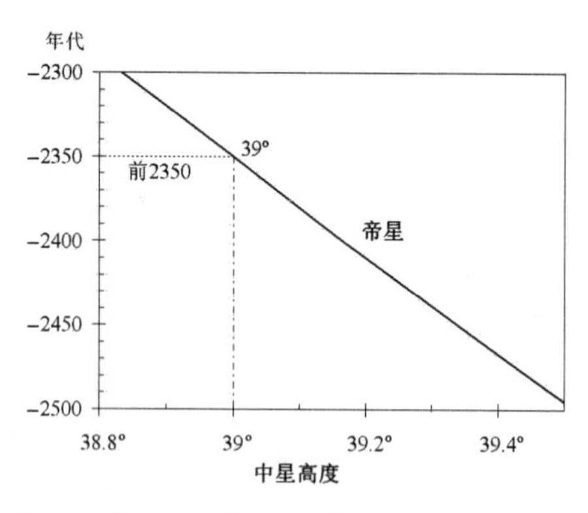

图 21　帝星的“年代 – 中星高度”变化线

帝星符合孔高的年代计算值，与右枢星符合孔高的年代（前 2350）完全一致，令人意想不到。这暗示拱极星的中天高度，可能源于相同的测量仪器和方法，它们的误差是相同的，故此计算年代是一致的。这并不能表明大金字塔一定设计建造于此年，反而表示这个计算年代包含有相同来源的误差。

（5）金字塔年代的误差分析

大金字塔的四个天文年代，本身有 140 年的误差，显然大金字塔不可能修建了这么长的时间，这不是自相矛盾吗？要证明大金字塔的设计与天文有关，这些误差就必须得到合理的解释。为了说明误差的来源，我们将四个指向星的中星高度与年代及其高度的变幅列如下表（表 9）：

表 9

中星	高度	年代	高度变幅 /100 年
右枢	32.46°	–2350	0.565°
帝星	39°	–2350	0.346°
天狼	39.5°	–2395	0.309°
参宿一	45°	–2490	0.485°

四个年代有两个重合，即右枢和帝星的“中星 – 孔高”符合年代均为公元前 2350 年，这并不能说明大

金字塔必须晚到这个年代才被设计建造出来，而是说明拱极星的孔高年代有相同的误差来源。此二星密近北极点，它们的高度误差应与北极点有关，即有可能是通过测极距得到高度角的。前文提到金字塔的方向误差为 6′，此处的高度角测量一般超过水平方位误差。因为方位角测量只需对准北极不动点就可以了，无需使用垂线、水准仪、测角仪等设备。对极距的测量很可能使用了十字杆测角仪[1]，这种仪器对于小角测量具有优势，因为角距越小，游动的横标在直杆上拉开的距离就越长，算出的角度就越准确，这就说明了极距小的右枢和帝星作为指向星的年代，为什么会重合的原因。它们的孔道星高符合年代的误差包括北极点高度误差和测角仪的仪器误差在内。

对于黄道和赤道附近的低纬度区，中星高度的测量，通过测地平高度或者天顶距来完成，前者要用到水准面，后者要用到垂直线，水准面越大或者垂直线越高越准确，但操作也越困难，必有一个限度。天狼星和参宿一位于赤纬的低纬度区，到北极的极距均

---

[1] 〔英〕米歇尔·霍金斯：《剑桥插图天文学史》，江晓原等译，山东画报出版社，2003 年，第 75 页。

超过 90º，两星之间的高度符合南孔道的年代误差为 2490–2395 = 95 年，表明低纬区高度测量的准确性大幅度降低，这是金字塔天文年代误差的主要来源。北极区与低纬区星高符合年代的最大距离是 2490–2350 = 140 年，那么北极区贡献的年代误差是 140–95 = 45 年，按照右枢星的高度变幅 /100 年 = 0.565º 计算，则其高度误差为 $0.45 \times 0.565 \approx 0.25^{\circ}$，相当于半个月亮。

这似乎令人吃惊，怎么会有这么大的误差？考虑到误差的来源和组成，就很好理解了。它至少包括以下几个成分：①不动点的位置误差；②测角仪器的误差；③手动操作仪器的误差；④人眼观察的误差。这些误差累计起来仅有半个月亮，已经是难能可贵的了。

天狼星和参宿一的孔高符合年代误差为 2490–2395 = 95 年，天狼星的高度变幅 /100 年 = 0.309º，它贡献了 $0.95 \times 0.309 \approx 0.29^{\circ}$ 的高度误差；参宿一的高度变幅 /100 年 = 0.485º，它贡献了 $0.95 \times 0.485 \approx 0.46^{\circ}$ 的高度误差。它们的误差构成中没有不动点的误差，但有近地平的大气抖动或蒙气差项。

综上，大金字塔本身的天文年代误差，理论上可由三项中星测量的高度误差所引起：北极星高差

0.25º，天狼星高差 0.29º，参宿一高差 0.46º。高度测量的总误差为 0.25º+0.29º+0.46º ＝ 1º，对应年代误差为 140 ＝ ± 70 年，年代中值为公元前 2420 年，这就是大金字塔的理论设计年代。总之，大金字塔天文年代本身的误差，不是自相矛盾的，而是可以合理地解释的，不能以此作为否定大金字塔与天文有关的依据。

大金字塔的年代在古埃及的历史年代中处于什么位置？是否与文献记载的建造者胡夫国王的年代相符呢？要回答这个问题，需要先了解一下古埃及人的历法以及学术界对埃及年代学研究的基本结论。

按传统说法古埃及历法有两个特征：第一个特征是与尼罗河泛滥周期同步，第二个特征是以天狼星偕日升（始见）为岁首。然而由于古埃及历法的周年长度只有 365 天，比恒星年及回归年短约 0.25 天，这两个特征只有在历元时刻即历法的起算点时才能同时具备；离开了历元，“泛滥季”按回归年周期，“始见天狼”按恒星年周期，各自离开岁首。

埃及历法的历书年比回归年短，这是很容易发现的，埃及人早就发现了，但他们就是不改变历年的长度，数千年坚持 365 天不变。即使历书的“泛滥季”与现实的泛滥现象已完全不符了，他们也不去改变历年长度，而是想出别的办法予以调整，例如把历书“泛滥季”从第一季调到第三季，增减收获季、播种季的长度，或者把涨水标志改成暴涨标志，等等，总之就是不去改变错误的根源——365 天的历书年。直到公元前 238 年埃及国王托勒密三世（Ptolemy Ⅲ Euergetes）下诏书，每四年增加一闰日，以使民历与回归年同步，但遗憾的是他的继承者没能执行这一规定，因为这一改革遭到了农民的反对，原因是旧历与农业生产紧密关联，人们仍然习惯使用旧的传统历法。[1] 公元前 46 年古罗马恺撒大帝制定“儒略历”决定采用增加闰日的做法，直到公元前 22 年的亚历山大历才真正首次设置这一闰日 [2]。

正因如此，反而给我们判定有关历史记录的天文年代提供了依据。下面介绍迄今为止埃及年代学的基本方法和主要结论。

埃及史料中有若干条关于天狼星偕日升的记载，

[1] 沐涛、倪华强：《失落的文明：埃及》，华东师范大学出版社，1999 年，第 137 页。

[2] 陈久金：《天文学简史》，科学出版社，1985 年，第 28 页。

即天狼星消失 70 天后首次与太阳同时升出地面，又称天狼始见。这一天象每年都发生一次，但在历书中每年发生的日期不一样，只有在特定的年份才在岁首出现，当第二次在岁首出现时，叫作一个“天狼星周期”，据说埃及人把这个周期叫作天狗周（Sepedet），因为天狼星在埃及叫天狗。这个周期的长度，一般认为可由历书年比回归年短 0.25 日计算得出：

1460 × 0.25 ＝ 365（天）

即间隔 1460 年（第 1461 年）之时，历书年比回归年短 365 天，天狼星偕日升天象再次回归岁首，所有季节恢复原状。如果我们能够确知其中某一次岁首始见天狼的公元纪年，那么其他的岁首始见天狼，就可以在千年范围内唯一确定其公元年代。

据埃及文献记载最后一个“天狼星周期”开始于公元 139—142 年（有四年误差），据此可以推知前两个“天狼星周期”分别开始于公元前 1321/1318 年和公元前 2781/2778 年[1]，列如下：

[1] a. 郭丹彤：《古代埃及年代学研究的历史与现状》，收入东北师范大学世界古典文明史研究所编著：《世界诸古代文明年代学研究的历史与现状》，世界图书出版公司，1999 年。b. 令狐若明：《古埃及天文学考古揭示的辉煌成就》，《大众考古》2015 年第 6 期。

在周期年会出现历法岁首、天狼星偕日升、尼罗河开始涨潮等三合一现象。这样就建立了一个年代标尺，当在某地（如孟斐斯或底比斯）看到天狼星偕日升，这一日期距离历书岁首有多少日，就可以利用“天狼星周期”确定其年代。

据文献记载，中王国第十二王朝塞索斯特里斯三世（Sesostris Ⅲ）第 7 年第 2 季第 4 月第 16 日发生了一次天狼星偕日升。[1] 考虑到天文日以中午为开始[2]，可视为第 16.5 日，距离岁首有

$7 \times 30+16.5 = 226.5$（日）

该年距离周期年（前 2778 年）的时间间隔为：

---

[1] a. 郭丹彤：《古代埃及年代学研究的历史与现状》，收入东北师范大学世界古典文明史研究所编著：《世界诸古代文明年代学研究的历史与现状》，世界图书出版公司，1999 年。b. 李晓东：《古埃及年代学——材料、问题与框架》，收入东北师范大学世界古典文明史研究所编著：《世界诸古代文明年代学研究的历史与现状》，世界图书出版公司，1999 年。

[2] 邓可卉：《托勒密〈至大论〉研究》，西北大学博士学位论文，2005 年，第 22 页。

$226.5 \div 0.25 = 906$（年）

故其年代为公元前

$2778 - 906 = 1872$（年）

著名年代学家帕克（Parker）推算塞索斯特里斯三世第7年为公元前1872年，从而定第十二王朝的起止年代为公元前1991—前1786年。到目前为止第十二王朝以前的所有年代都是根据第十二王朝的年代来确定的。如果该年与周期年的观察地点均在孟斐斯，这一结论是可靠的。但另一位学者克劳斯（Krauss）认为观测地点可能在南方的底比斯，因地理位置带来的时间差约有42年，因而把塞索斯特里斯三世第7年推迟到公元前1830年，从而确定第十二王朝的起止年代为公元前1949—前1749年。人们通常采用“帕克年表”。另一次天狼星偕日升，发生在新王国第十八王朝阿蒙霍特普一世第9年，其都城在底比斯，据研究其年代是公元前1517年，这对确定第十八王朝的年代框架起了决定性作用。[1]

以上是古埃及年代框架的基本情况。下面来讨论金字塔年代与胡夫在位期间的年代差别问题。关于古埃及的年代，历来疑点众多，学界迄无定论。公元前 3 世纪曼涅托（Manetho）所著《埃及史》分为 31 个王朝，但只有国王的先后顺序和部分在位年数，并且残缺不全，各种出土王名表也是如此，很难与公元纪年对应起来。学术界主要利用天象和历法周期，把埃及王表的年代框架大致建立起来。关于胡夫国王的年代，根据出土王名表记载的在位年数，似乎争议不大，我们举国内外各一种代表性年表列如下（表 10）。国外以《美国百科全书》收录的《古代埃及·古代埃及王表》为代表[2]，国内以北京师范大学刘家和教授主编《世界上古史》附录的《上古埃及王表》为代表[3]。

---

[1] a. 郭丹彤:《古代埃及年代学研究的历史与现状》，收入东北师范大学世界古典文明史研究所编著:《世界诸古代文明年代学研究的历史与现状》，世界图书出版公司，1999 年。b. 李晓东:《古埃及年代学——材料、问题与框架》，收入东北师范大学世界古典文明史研究所编著:《世界诸古代文明年代学研究的历史与现状》，世界图书出版公司，1999 年。

[2] 孙厚生:《古代埃及年代学和王表》，《东疆学刊》1986 年第 1 期。

[3] 刘家和:《世界上古史》，吉林人民出版社，1979 年，第 394—395 页。

表　10

朝代		法老	《美国百科全书》		刘家和《世界上古史》	
			起止年	积年	起止年	积年
早王朝	第 1—2 王朝		前 3110—前 2665	446	前 3100—前 2686	415
	第一王朝		前 3110—前 2884	227	前 3100—前 2890	210
	第二王朝		前 2883—前 2665	219	前 2890—前 2686	205
古王国	第 3—6 王朝		前 2664—前 2180	485	约前 2686—前 2181	506
	第三王朝		前 2664—前 2615	50	约前 2686—前 2613	74
	第四王朝		前 2614—前 2502	113	约前 2613—前 2498	116
		斯尼弗鲁（Snefru）	前 2614—前 2591	24	约前 2613—前 2590	24
		胡夫（Khufu）	前 2590—前 2568	23	约前 2589—前 2567	23
第一中间期	第 7—11 王朝		前 2180—前 2052	128	约前 2181—前 2133	48
中王国	第 12 王朝		前 2052—前 1786	266	约前 2133—前 1786	347
第二中间期	第 13—17 王朝		前 1785—前 1544	241	前 1786—前 1570	216
新王国	第 18—20 王朝		前 1554—前 1075	479	前 1570—前 1085	485
后王朝	第 21—25 王朝		前 1075—前 664	411		

然而问题是，帕克年表关于第十二王朝塞索斯特里斯三世第 7 年为公元前 1872 年的结论是否可靠？如果这个基点动摇，那么所有第十二王朝以前的绝对年代都需要重新考虑。帕克年表的理论基础是“天狼

星周期”，即认为历法年比真正的太阳年短 0.25 天，因此天狼星偕日升回归岁首需要 1460 年。事实上这个“天狼星周期”是不准确的。道理很简单：天狼星始见恢复岁首，要用恒星年来计算；节气恢复岁首，要用回归年来计算。现代天文学知识告诉我们：

1 恒星年＝365.25636（日），那么天狼星恢复岁首的周期为：365/0.25636≈1423 年

1 回归年＝365.2422（日），则节气恢复岁首的周期为：365/0.2422≈1507 年

前者比 1460 年周期缩短了 37 年，因此原来基于 1460 年周期而确定的系列年代均须作相应更改（减除 37 年）（表 11）：

表 11

项目	原定年（公元前）	应改为（公元前）
天狼星周期	1460	1507
天狼星周期年	2778	2741
塞索斯特里斯三世第 7 年	1872	1835
第十二王朝起止年	1991—1786	1954—1749
胡夫在位（23）年	2590—2568	2553—2531

按上表，胡夫在位仅 23 年。曼涅托《埃及史》记载胡夫“统治 63 年，他建造了大金字塔，希罗多德说它是齐阿普斯建成的”。[1] 希罗多德《历史》记载说齐阿普斯在位 50 年[2]，他花费了 30 年时间建造金字塔，“在十年中间人民都是苦于修筑可以使石头运过去的道路……金字塔本身的建造用了二十年”[3]。如果按希罗多德的记载，则胡夫在位于公元前 2553—前 2503 年；若按曼涅托所说，则胡夫在位于公元前 2553—前 2490 年。

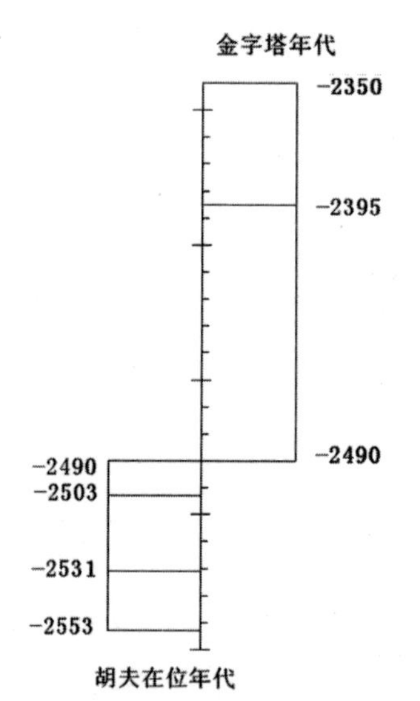

图 22　金字塔年代与胡夫在位年代

为直观起见，把金字塔的理论计算年代与胡夫在位的可能年代作成柱状图（图 22），可见

[1] 刘文鹏:《古代埃及史》，商务印书馆，2000 年，第 143 页。

[2] 刘家和:《世界上古史》，吉林人民出版社，1979 年，第 142 页。

[3] 刘家和:《世界上古史》，吉林人民出版社，1979 年，第 47 页。

它们之间只有 1 年的交集即公元前 2490 年。整体上来看两者的年代中值相差 2521 – 2420=101 年，合高度误差约 0.3—0.5º。

我们把金字塔本身的年代误差解释为高度测量误差，即基于测量数据的理论设计本身的问题，没有考虑施工建造过程中可能出现的偏差。事实上任何工程都不可能完全达到设计的要求，规模宏大的金字塔建造出现偏差是不可避免的。工程偏差导致的年代误差的平均值是两个年代中值的差值约 100 年，相当于孔道坡度或中星高度的高差 0.3—0.5º，没有超过设计本身内涵的误差，说明工程质量是相当高的。

总之，金字塔年代中值与胡夫年代中值之间的差异，主要是由工程施工不可能完全达到设计要求造成的，它与金字塔本身的设计误差叠加在一起，使整个年代的范围放大为 200 年即 ±100 年。我们不能因为看到年代有两个世纪的差值就简单地认为大金字塔不是胡夫建造的，否则我们何以解释两个年代在公元前 2490 年的交集点呢？各种误差均可以得到合理解释，目前还没有证据足以否定大金字塔非胡夫所建。

理论计算得到的天象，包括恒显圈内的中星，有可能发生在白天，也有可能发生在晚上。如果发生在白天，除非碰巧遇上日全食，否则人类是无法看到的，因此基本上没有应用价值。上文揭示的天龙座 α 星和猎户座腰带星上中天的现象，是否能够在相应的历史年代被看到呢？我们来看看当时的实际天象。

打开通用共享天象演示软件 SkyMap Pro，调到以下参数：

地理位置：吉萨地点北纬 30º，东经 31º

历元：公元前 2500 年

时间：元旦 19 时（世界时）

这时傍晚的天光影响尚未消失，相当于中国人所说的“黄昏”时辰。所见“中星”天象如下图所示（图 23）：

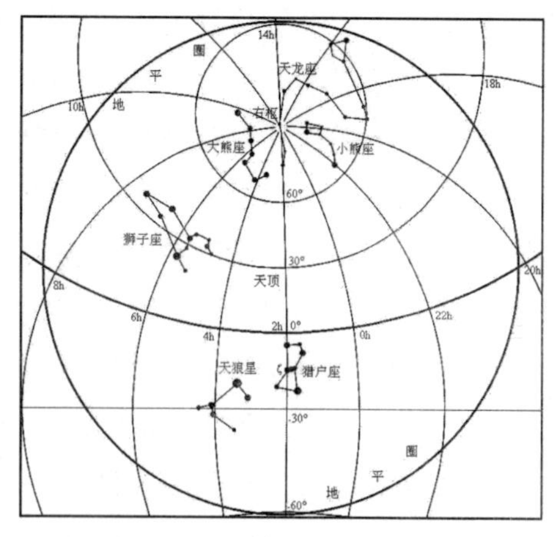

图 23　公元前 2500 年的天象

天龙座、大熊座、小熊座位于赤纬 60ºN 的恒显圈内，天顶在赤纬圈 30ºN 上，以天顶为中心的大圆是地平圈，大约赤经 2h 刚过天顶；天顶以下，北极星天龙座 α（右枢）位于北方，已过上中天；猎户座位于南方，正在过上中天；天狼星位于东南方；狮子座位于正东方。特别要提到的是北斗七星，斗魁朝向猎户座（参宿）上方，斗柄指向地平，中国古文献称为“魁枕参首”“斗柄悬在下”。孔子收集整理的夏朝历法《夏小正》记载说：“正月，鞠则见，初昏参中，斗柄悬在下。”我们把历元调到公元前 2000 年，中国夏朝建立前后；地点调到中原地区，上述天象发生在黄昏时辰，符合《夏小正》所说的“初昏参中”等天象。《夏小正》把它作为新的一年开始的标志，也就是岁首天象，予以特别的重视。

在夏朝以前约 650 年，古埃及人早已关注“参中”（猎户座中天）天象，推测他们也是用星象来观象授时的，这时天狼星出现在东南方尼罗河上游的地平线上高约 30º 的位置，与大金字塔王后室的南孔道连成一条直线。我们利用天象演示软件，使天狼星退回到地平线上即将升出地面的时刻，吃惊地发现这时的太阳正好位于西方地平线上即将没入地下，这就是天狼星的“日没升”（日落之际东升），相当于中国古代所说的“昏见”星。理论上“日没升”距离“偕日升”大约为半年时间，我们把时间设置到半年之后的 7 月初，果然发现天狼星与太阳几乎同时出现在东方地平线上，这就是天狼星的“偕日升”。此时尼罗河开始涨潮，古埃及人认为这一天是尼罗河神奥西里斯死而复活的日子，把这一天作为新年的开端，奥西里斯被称为新年的宣告者（Year’s Announcer）[1]。

古埃及人找到了天上的周期——“昏参中”和天狼星“偕日升”的周期，同时找到了地上的周期——尼罗河的涨潮周期；大约在历史上的某个时期，这两个周期奇妙地吻合在同一个起始点，埃及人在大自然的启发之下发明了成熟的历法。如果没有这两个周期齐同的启示，很可能就没有埃及后来的历法。而历法的起源，则应在此之前更加久远的年代，即天狼星偕日升与尼罗河涨潮或泛滥不可能同时的年代，那时的原始历法，必定参考了另外一套天象标志。

[1] 袁珍：《金字塔铭文中的奥西里斯神话》，复旦大学硕士学位论文，2012 年，第 18 页。

按照成熟时期的埃及历法，天狼星是岁首的“偕日升”旬星，猎户座是岁中的“昏中”星。中国典籍《左传·文公元年》记载了一种制历标准：“先王之正时也，履端于始，举正于中，归余于终。”《汉书·律历志》等传统解释认为是把历元放在日月的起始点，举月之正半为中气，把余分归并成一起满一月则在年终设置闰月。这是利用东周后出现的“推步历”所作的解释，前提是已有完整的二十四节气，才能用“中气”来校正“月半”。推步历的节气和天象是预先推算出来的，时间一长就与实际情况不符，经常有历法“失天”的情况发生。上古根据实际天象制定“观象历”，本身就是符合天象的，缺点是不能预告天象，因而一般不会有“失天”的情况；还有当时并没有二十四节气的完整概念，怎么可能用十二“中气”来校正“月半”呢？因此对《左传》的“正时”标准要重新解释。我们认为“履端于始，举正于中，归余于终”的意思应该是：把端见星置于年始，举正星（昏中星）于年中，把余日归于年终。埃及古历就是如此：岁首见天狼星“偕日升”，即置端见星于年始；年中有“昏中”星猎户座，即举昏正星以校正年中日期；每月30天，每年十二月，剩下 5 个闰日是庆典，就是“归余于终”。

《夏小正》把出现在东方地平线附近的星称为“见”星，出现于西方地平线附近的星称为“伏”星。这两类星都离太阳的距离很近，处在被太阳光淹没的临界边上,类似于古埃及的始见和始没的“旬星”。“见”星就是古埃及的“偕日升”星。《夏小正》还记载了不少昏、旦中星等等，古埃及的纸草文献中有中星观测的具体记载。《夏小正》是上古观象授时历的遗留。古埃及历法的起源也必定如此，最早主要参考一系列标准星象，制定观象授时历。至于建立起与尼罗河涨潮或泛滥周期的同步关系，那应是成熟历法以后的事情。

最早的观象授时历是古代文明诞生的标志之一。当能够预见未来的推步历出现时，人类文明已经进入更高级的状态。古埃及人和华夏族是两个相距遥远的古老民族，先后观察着相同的天象，制定了不同的历法，开启了各自文明起源的进程，这充分证明了天文背景对人类文明的重要启示作用。

六、埃及的统一与天文文物

天国是人间的反映，是因为人间曾经受到天象的启示，天人合一就产生了文明。天上只有一个北极，地下只有一个南极，人间只有一个王座。否则同时有众多的国王去冥府和天国，那里没有多余的王座供他们分享。因此在世的国王只有一个荷鲁斯王座，去世的国王只有一个奥西里斯王座。在世的国王就是活着的荷鲁斯，去世后无论去冥府和还是天国都只有一个王座，所以只有一个奥西里斯名号。精神世界的统一，往往早于现实政权的统一，它是政治统一的前提和基础。

然而，实现人间的统一并非易事，要经历漫长而曲折的过程，埃及各城邦和地区兴起的诸神崇拜，最终融合成“九神团”的大家庭，就是这一过程的反映。例如奥西里斯，神话学的研究表明他的原型是自然神尼罗河神[1]，后来他被认为是三角洲城市布西里斯（Busiris）早期历史上一位贤明的国王，于是有了国王的身份。在太阳城赫里奥坡里斯（Heliopolis）他被纳入“九柱神”之一，其身份提高到创世神的高度。他的影响继续向南发展，在上下埃及交界处的孟斐斯，他与墓地鹰神索卡里（Sokari）合一，首次与丧葬仪式联系起来。后来在上埃及的阿拜多斯（Abydos），他取代了当地的死神和墓地神罕提伊门提乌（Hntj-imntjw），此地是“王室要塞”，有前王朝晚期和早王朝时期的国王墓地[2]，传说奥西里斯埋葬于此，因而此地成为他的崇拜中心，他也是那里的守护神。他的影响继续南传，在第一瀑布附近的菲莱岛（Philae）形成该神的另一个祭拜中心。最终奥西里斯成为全埃及的冥世之王和法老死后的化身。[3] 第五王朝国王杰德卡拉－

[1] 李模：《论古代埃及的奥西里斯崇拜》，《贵州社会科学》2013 年第 2 期。

[2] 金寿福：《古代埃及早期统一的国家形成过程》，《世界历史》2010 年第 3 期。

[3] 阴玺：《俄赛里斯——古埃及的冥神和丰产神》，《西北大学学报（哲学社会科学版）》1992 年第 3 期。

伊泽兹（Djedkale Izezi）的金字塔神庙里刻有奥西里斯的名字和形象的浮雕。[1]

另一位主神塞特，在埃及三角洲东北部和上埃及涅伽达（Naqada）地区的上层社会受人崇拜[2]，他的居住地在奥姆波斯（Ombos）即涅伽达（Naqada）。塞特神最早见于第二王朝第四法老瓦颉乃斯（Wadjnes）的王名头衔中[3]，他又名温涅格（Weneg）[4]。第二王朝的国王改变了第一王朝以荷鲁斯为衔名的做法，它的建立者第一任法老名叫海特普塞海姆威（Hetepsekhemwy），意为“两个权力和睦共处”；第二任法老名拉涅布（Reneb），意思为“拉是君主”，这是王名与太阳神名最早结合的例子，反映了赫里奥坡里斯太阳神崇拜的兴起。有一个图章印记上提到第二王朝第六法老帕里布森（Peribsen），铭文说“奥姆毕

---

[1] 袁珍：《金字塔铭文中的奥西里斯神话》，复旦大学硕士学位论文，2012年，第17页。

[2] 李晓东：《古埃及王衔与神》，《东北师大学报（哲学社会科学版）》2003年第5期。

[3] 李晓东：《古埃及王衔与神》，《东北师大学报（哲学社会科学版）》2003年第5期。

[4] 刘家和：《世界上古史》，吉林人民出版社，1979年，第393—394页。

特（即塞特）把两地（上下埃及）给予他的儿子帕里布森”。他没有采用荷鲁斯王衔，而是把自己称为“塞特·帕里布森”，说明他可能不是希拉康坡里斯（荷鲁斯城）出生的家族，很可能是塞特神诺姆涅伽达等地的人；他还有一个“塞特·拉”的头衔，被认为把塞特的崇拜引进到太阳城赫里奥坡里斯。[1] 直到第二王朝最后一任（第九）法老哈谢海姆威（Khasekhemwy）才采用荷鲁斯–塞特双衔名。后来对塞特神的崇拜主要在新王国时期，他被视为太阳神的保护神，在拉美西斯三世神庙的北墙上，以及第二十一王朝赫尔威宾纸草上可见塞特神站在太阳舟的前头，用矛扎死冥府之蛇阿波菲斯的图像[2]，他被誉为“强有力”者。

荷鲁斯神是希拉康坡里斯的主神，他与涅伽达主神塞特神的争斗，可能源于这两个城邦在上埃及地区的争霸，争霸的结果是荷鲁斯神优胜，但并未消灭对方，而是实现了某种程度的和解与共治。在后来的王衔中出现双衔（荷鲁斯–塞特）、双夫人（蛇鹰）、两

[1] 刘家和：《世界上古史》，吉林人民出版社，1979 年，第 393—394 页。

[2] 刘文鹏：《古代埃及的蛇的崇拜与传说》，《内蒙古民族师院学报（社科汉文版）》1989 年第 4 期。

主（双鹰𓅃）共存等现象，而王冠中也有白冠（荷鲁斯城王冠）和红冠（塞特城王冠）共存，或者双色王冠等情况，这些都是和解统一的象征。眼镜蛇女神和兀鹰女神是第一王朝即将建立时的两位主神，代表上、下埃及；第四王朝法老胡夫和第六王朝法老麦尔恩瑞的王衔上有两个鹰站在金字上，表示两神（荷鲁斯和塞特）和解。[1] 双方和解之后，建立了第一个上、下埃及的“联合王国”。塞特神系可能最先占领下埃及，双方和解意味着荷鲁斯神系的势力也得以进入下埃及，并在上下埃及交界处的孟斐斯建都，从而结束了“英雄时代”，开始了“人王朝”的历史。于是第一王朝的所有王名均以荷鲁斯为第一头衔，而荷鲁斯神也由希拉康坡里斯的主神，一跃而为下埃及（黑土地）的保护神。

塞特神系则巩固了其在上埃及（红土地）的保护神地位。第一王朝衰落后，塞特神系的家族在孟斐斯建立了第二王朝，因此其王名的特点是消除荷鲁斯的影响，强调共治和塞特头衔。作为太阳神的保护神，

[1] 李晓东：《古埃及王衔与神》，《东北师大学报（哲学社会科学版）》2003 年第 5 期。

塞特神系兴起了赫里奥坡里斯的太阳神崇拜。总之，两神系和解，他们都被纳入到“九神系”的大家庭中，从而奠定了上下埃及统一的基础。

第二十五王朝（努比亚王朝）法老《沙巴卡石碑》（亦称《孟斐斯神学》）记载了太阳城“九柱神”大法庭对双神争斗的裁判以及两神和解的故事[1]，略引如下：

> 地神盖博召集九神系，对荷鲁斯和塞特之间的争执进行审判，并且平息了争端。盖博判决塞特为统治上埃及的上埃及之王，以他的出生地——苏城为他的居住地。盖博任命荷鲁斯为下埃及之王并统治下埃及，以他父亲溺亡之地，即两土地的分界处为他的居住地。于是荷鲁斯和塞特分疆而治，各为其政。阿延城，即上下埃及的分界之处，是他们讲和之地。
>
> 盖博对塞特宣布：“回到你出生地去吧。”于是塞特统治上埃及。
>
> 盖博伯对荷鲁斯宣布：“回到你父亲的溺亡之

[1] 郭丹彤：《沙巴卡石碑及其学术价值》，《世界历史》2009 年第 4 期。

地去吧。”于是荷鲁斯统治下埃及。

盖博对两人宣布：“我将把你们分开，（让你们）分别统治上、下埃及。”

随后盖博似乎对自己做出的判决感到后悔。于是，盖博改变自己第一次做出的判决，给予荷鲁斯全部的统治权，因为荷鲁斯是他的嫡长孙。

盖博对九神系宣布：“我将做出一个决定，我的嫡长孙，荷鲁斯，他将是我唯一的继承人。”

盖博对九神系宣布：“荷鲁斯是我唯一的继承人。”

盖博对九神系宣布：“（荷鲁斯）可传位于他的后世子孙。”

…………

于是，荷鲁斯降临在这片土地上。他成为这片土地的统一者，并被赋予伟大的称号：坦恩，他的南墙，永恒之主。随后两个伟大的王冠在他的头上神奇地显现。他是被尊为上下埃及之王的荷鲁斯，他在孟菲斯统一了两土地。

依据上引文献，精神世界的统一，似乎通过宗教裁判与调解得到了实现。然而，考古发掘的事实表明，现实世界呈现出另一番景象。古埃及统一之前的历史称“前王朝”（约公元前 4000—前 3100 年），“前王朝”处于铜石并用时代，这个时期整个上埃及呈现同一文化面貌，考古学上称为“涅伽达文化”，通常分为前王朝早期的“涅伽达文化Ⅰ期”（约公元前 4000—前 3500 年）、前王朝后期的“涅伽达文化Ⅱ期”（约公元前 3500—前 3100 年）。该文化因发现于上埃及的涅伽达城而得名，传说中神王朝两城争霸的故事大约发生在涅伽达文化Ⅱ期的晚期。该文化具有很强的扩张势力，往往通过贸易、文化交流等手段把周围地区纳入其控制范围；当贸易和文化渗透遇阻时，不惜武力征服。近年来在尼罗河三角洲地区的发掘表明，文化交流和同化在政治统一进程之前就已经开始。[1] 早在涅伽达文化Ⅰ期，三角洲敏沙特（Minshat）的出土文物已完全涅伽达化；涅伽达Ⅱ期文化，通过贸易等手

[1] 金寿福:《文化传播在古代埃及早期国家形成过程中所起的作用》,《社会科学战线》2003 年第 6 期。

段已渗透到包括布托在内的尼罗河三角洲地区。[1] 在前王朝的上下埃及只有一个考古学文化，就是涅伽达文化，没有必要建立新的考古学文化系列。

古埃及的王衔和王冠也反映了上下埃及的统一趋势。荷鲁斯王衔符号最早起源于涅伽达文化Ⅱ期初期，在涅伽达 1546 号墓中出土的一个陶罐碎片上画有鹰神荷鲁斯的形象。[2] 这时的荷鲁斯神，应是上埃及希拉康坡里斯与涅伽达两城争霸时的战神，与下埃及没有关系。在阿拜多斯的前王朝晚期（涅伽达文化Ⅱ期）墓中发现一些写有酋长（首领）名字的陶罐封印，这些名字前面呈现为荷鲁斯神画像隼鹰。[3] 这些酋长可能就是半神或神人朝的“荷鲁斯门徒”了，也可能包括有下埃及布托等地的“荷鲁斯的追随者”。涅伽达和阿拜多斯的考古发掘证明权力中心逐渐由南向北转移。

象征下埃及王权的红王冠，最早发源于上埃及的

---

[1] 金寿福:《古代埃及早期统一的国家形成过程》,《世界历史》2010 年第 3 期。

[2] 刘文鹏:《古代埃及史》，商务印书馆，2000 年，第 69、73 页。

[3] 金寿福:《古代埃及早期统一的国家形成过程》,《世界历史》2010 年第 3 期。

涅伽达，被描绘在涅伽达文化Ⅰ期末期 1610 号墓出土的一块红色碎陶片上。[1] 红王冠以眼镜蛇为标志，称为蛇标。蛇标代表眼镜蛇女神瓦泽特，她本是布托城的保护神，后来布托城成了下埃及的首府和中心，瓦泽特就成为下埃及的保护神。眼镜蛇女神往往与兀鹰女神结合出现在王衔名号系列中，象形符号写为兀鹰和眼镜蛇分别站在两个篮子上，象征上下埃及的“两夫人”（Nebty）衔名。[2] 兀鹰女神涅赫布特是国王与上埃及的保护神。涅伽达出土的一块前王朝末期象牙板上刻有兀鹰和眼镜蛇符号，其下的棋盘符号可读写为 mn，是美尼斯（Menes）的省写，这组符号被看成是美尼斯的鹰蛇式衔名。[3] 出土文物说明美尼斯可能第一个使用了蛇标，弥补了文献记载的不足。

象征下埃及王权的红王冠（），它的符号最早从涅伽达出土，其埃及语全称是“红王冠－塞特－涅伽达”（Red Crown-Seth-Naqada），含义是“涅伽达的主神塞

[1] 刘文鹏：《古代埃及史》，商务印书馆，2000 年，第 68 页。

[2] 刘文鹏：《古代埃及的蛇的崇拜与传说》，《内蒙古民族师院学报（社科汉文版）》1989 年第 4 期。

[3] 刘文鹏：《古代埃及史》，商务印书馆，2000 年，第 95 页。

特的红王冠”；从来源上看，它起初不可能是下埃及王权的标志。象征上埃及王权的白王冠（𓋑）的全称是“白王冠 – 荷鲁斯 – 奈赫恩”（White Crown-Horus-Nekhen），奈赫恩是位于上埃及的希拉康坡里斯的埃及语名称，整个短语的含义是“奈赫恩的主神荷鲁斯的白王冠”[1]。从语源上看，这两个王冠最初属于上埃及区域内的南、北两个文化中心，即希拉康坡里斯和涅伽达。只有当涅伽达文化向北传播后，塞特的红王冠才与下埃及发生了联系。

早在涅伽达文化Ⅰ期涅伽达已出现了城市，用小砖砌成雉堞墙，是一座设防的城市。涅伽达文化Ⅱ期随着王冠和王衔的出现，城市发展为城邦。在涅伽达的T墓地发现有精心建造的长方形大型砖墓，一般认为是前王朝晚期的王墓。[2]

希拉康坡里斯遗址由早期居住区、晚期城址和大墓地构成。在涅伽达文化Ⅱ期的末期以前，希拉康坡

---

[1] 郭丹彤：《纳尔迈调色板和古代埃及统一》，《历史研究》2000年第5期。

[2] a. 刘文鹏：《古代埃及的早期国家及其统一——兼评〈关于埃及国家的诞生问题〉》，《世界历史》1985年第2期。b. 郭子林：《论古埃及早期王室墓葬与早期王权》，《西亚非洲》2010年第9期。

里斯的遗址由一个中心市镇和附近乡村组成，没有发现城墙。早期居住遗址位于“堡垒干河”到“沙丘干河”之间的沙漠边缘地带的上更新世尼罗河淤泥沉积处，北边紧邻洪水大平原，南边的风积剥蚀区是“史前大墓地”。墓地的东端发现了著名的“画墓”，编号为 100 号墓。这是前王朝时期最大的墓葬，长方形墓穴，用大型泥砖砌成，墓穴长 4 米、宽 2 米、深 1.5 米，在中心处有一堵低矮半道墙把墓室一分为二，部分墙壁上装饰绘画。壁画描绘了埃及人对外来入侵者的一次胜利反击，还有大人物在举行祭祀等。其中一个高大人物左手抓着跪地的俘虏的头，右手高高举起权标，准备捶打俘虏，这是典型的埃及国王的形象。埋葬在画墓中的人物“应考虑为上埃及传说的王”，在画墓周围形成了“王家墓地”[1]。

前王朝末期，希拉康坡里斯遗址向北移 400 多米，迁徙到全新世冲积层的洪水大平原上，已有厚大的城墙围绕成不规则三角形，城中保存有早王朝的宫殿遗址。在城墙东南有一个特殊的神庙圈地，著名的“大

[1] 刘文鹏:《古代埃及的早期国家及其统一——兼评〈关于埃及国家的诞生问题〉》,《世界历史》1985 年第 2 期。

宝藏”坑，就发现在神庙区。该坑出土数百件重要文物，数以千计的权标头和各种器皿、工具、艺术品、印章等，是奉献于神庙的物品储藏处，可能埋藏于古王国时代，包含物多属于前王朝－早王朝时期。[1] 总之，在涅伽达文化Ⅱ期末，或者前王朝与王朝之际，希拉康坡里斯已发展为具有高大城墙的设防城市，埋葬有规模最大的装饰壁画的王墓，还有储藏众多献祭品的神庙，等等。

考古发现证实在前王朝晚期的最后阶段，原本落后于涅伽达城的希拉康坡里斯后来居上，超过并取代了涅伽达城，成为新的政治和宗教中心，这表明在两城的争霸斗争中，希拉康坡里斯取得了最后的胜利。

希拉康坡里斯神庙“大宝藏”（献祭品）中发现的最著名文物，是带有文字的“纳尔迈（Narmer）调色板”和“纳尔迈权杖”。调色板是盾形石板，高 63 厘米，正面中央有一个圆形凹坑，是国王或王后化妆时研磨及调和颜料用的石砚池；权杖是国王手握的拐杖或武器，它是国王权力的标志。因为调色板是向神庙献祭

[1] 刘文鹏：《古代埃及史》，商务印书馆，2000 年，第 84 页。

的贡品，所以又把它叫作“还愿石板”[1]。这两件文物上面的图案和象形文字标记纳尔迈国王对外战争赢得了胜利，带回大批战俘和虏获的牛群（大牲口）、羊群（小牲口）等。曼涅托《埃及史》记载神朝、神人朝之后是人王朝，人王朝第一王朝的建立者是美尼斯，说“他进行了对外战争，并获得了声望”，因此人们相信文物上的纳尔迈就是文献中的美尼斯。调色板正面的国王，头戴象征上埃及王权的白冠，背面国王又戴着象征下埃及王权的红冠，这表明他就是上下埃及的统一者美尼斯。纳尔迈名字的象形文字是“鲶鱼 + 凿子”，拼读为“Nar-mer”，写在调色板背面红冠王的头前。

值得注意的是，在白冠王的头前，相当于书写名字的地方，刻画着一组图像：一只隼鹰一爪站在纸草丛上，一爪牵着土地（或沼泽）神的鼻子；土地神的形象为人首兽身，伏地而卧，背上生出纸草（图 24）。纸草是尼罗河三角洲最典型的植物，又称纸莎草、灯芯草，常用来代表下埃及；与之相对应，荷花常用来

[1] 〔埃及〕阿·费克里：《埃及古代史》，科学出版社，1956 年，第 12 页。

代表上埃及。象形文字中的“统一”就是由纸草茎和荷花茎与气管等象形符号组合而成，表示统一使上下埃及人获得喘息。在古埃及的浮雕和壁画作品中，通常在国王御座及其底座的装饰图案中，把荷花和纸草捆扎在一起，象征国家统一和政局稳定。[1] 据此可以推断“纳尔迈调色板”上的隼鹰组图，相当于王名，意思是“荷鲁斯掌握着纸草地”。

图 24　纳尔迈调色板

[1] 金寿福:《古代埃及早期统一的国家形成过程》,《世界历史》2010年第3期。

此图语表明源自上埃及的白冠国王，同时也是下埃及的主人。整幅图表示的历史事件，是说纳尔迈国王，占领了纸草地，实现了上、下埃及的统一。埃及国王具有双重身份，必须经过两次加冕，举行作为上埃及国王和下埃及国王的两种典礼，例如《帕勒摩石碑》记载第一王朝第五位国王在同一年先后举行过“上埃及国王加冕”“下埃及国王加冕”等庆典[1]——这种传统一直到埃及历史的末期还继续存在着[2]。“纳尔迈调色板”作为献祭品出现在希拉康坡里斯（荷鲁斯城）的神庙里，反映了新占领的殖民地和宗主之间的紧密关系。

纳尔迈把白冠和红冠分开轮流来戴，以寓意统一的做法，是比较原始的。第一王朝鼎盛期第五任国王登（Den）头上戴着红白双冠[3]，就是对纳尔迈统一王冠的继承和改进。在浮雕和壁画中，奥西里斯较早时头戴象征上埃及的白冠，这可能暗示他最初起源于

[1] 李晓东:《埃及历史铭文举要》，商务印书馆，2007 年，第 11 页。

[2] 〔埃及〕阿·费克里:《埃及古代史》，科学出版社，1956 年，第 12—13 页。

[3] 刘文鹏:《古代埃及史》，商务印书馆，2000 年，第 108 页。

上埃及，后来在白冠两侧加上红色羽毛，暗示他拥有上下埃及。

正如学者普遍认为的那样，调色板正、反两面的国王是同一人，那么白冠者是他的衔名荷鲁斯，红冠者是他的本名纳尔迈，他的全名是“荷鲁斯·纳尔迈”。如果把他和历史人物相对应，他应还有一个名字叫“荷鲁斯 · 美尼斯”。在阿拜多斯发现的一个瓶印上，发现了“荷鲁斯 · 纳尔迈”的衔名，此外还有棋盘符号（读写为 mn），多数学者读为 Menes（美尼斯）[1]，这就构成了王名“荷鲁斯 · 纳尔迈 · 美尼斯”。文献记载第一王朝第一个法老美尼斯的王衔中，除了荷鲁斯名外，就是他自己的名了。[2] 这里纳尔迈和美尼斯同时与荷鲁斯相联系，很可能是同一国王的两个不同名号，这表明纳尔迈可能就是美尼斯。

荷鲁斯王衔符号最早起源于涅伽达文化Ⅱ期初期，在涅伽达 1546 号墓中出土的一个陶罐碎片上画

[1] 刘文鹏:《古代埃及史》，商务印书馆，2000 年，第 94 页。

[2] 李晓东:《古埃及王衔与神》，《东北师大学报（哲学社会科学版）》2003 年第 5 期。

有鹰神荷鲁斯的形象[1]。这时的荷鲁斯神，应是上埃及希拉康坡里斯与涅伽达两城争霸时的战神，与下埃及没有关系。在阿拜多斯的前王朝晚期（涅伽达文化Ⅱ期）墓中发现一些写有酋长（首领）名字的陶罐封印，这些名字前面呈现为荷鲁斯神画像隼鹰。[2]这些酋长可能就是半神或神人朝的“荷鲁斯门徒”了，也可能包括有下埃及布托等地的“荷鲁斯的追随者”。美尼斯或纳尔迈比“荷鲁斯门徒”的辈分要晚，是半神或英雄的后代。他们必须与荷鲁斯扯上关系，因为在太阳城神学中荷鲁斯已被宣布为全埃及的国王，只有荷鲁斯的继承者才能统一埃及。

比纳尔迈调色板时代略早的最著名的文物，是希拉康坡里斯“大宝藏”中发现的涅伽达文化Ⅱ期末的蝎王权标头。蝎王权标头残缺不全，图案刻画有高大的国王头戴象征上埃及王权的白王冠，头前有一个蝎子和七角星符号——可能与天文有关——一般释读为

[1] 刘文鹏:《古代埃及史》，商务印书馆，2000年，第69、73页。

[2] 金寿福:《古代埃及早期统一的国家形成过程》，《世界历史》2010年第3期。

“蝎子王”。蝎王正在率领人民治水和筑城（图 25）[1]。图中显示蝎子王手持鹤嘴锄举行开渠仪式，劳作的人们在开挖城壕，围起水中方城，但是有一条长长的渠道横贯画面，显然超出了护城壕的范围，渠道的一边是纸草地，国王就站在这片土地上。

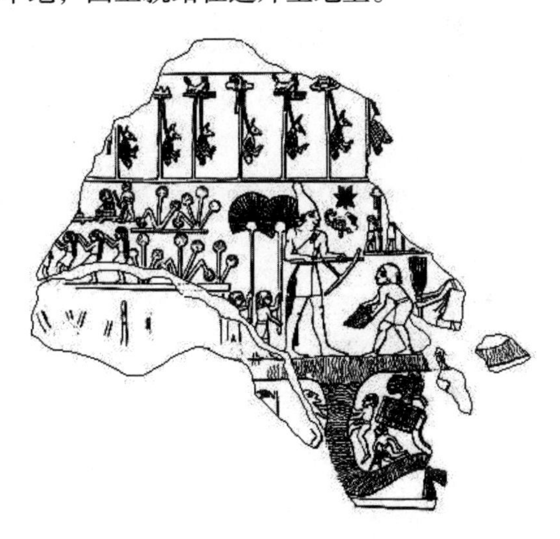

图 25　蝎王在纸草地开渠筑城图

在希拉康坡里斯“大宝藏”中出土的一个石灰石罐上刻有四只代表荷鲁斯的隼鹰和三只蝎子，荷鲁斯站在蝎子上面，这组象形符号解读为“荷鲁斯蝎子”，

[1]　刘文鹏:《古代埃及史》，商务印书馆，2000 年，第 86—88 页。

这件文物把蝎子王与荷鲁斯神联系起来，也是证明蝎子王存在的证据之一[1]。蝎王权标头是公认的涅伽达文化Ⅱ期末或前王朝末代的权标头，蝎王应是传说中半神或神人时代的一位“荷鲁斯门徒”，一般认为他就是纳尔迈国王的直接先驱。

蝎王权标头中刻画的与护城壕连接的长渠，使我们联想起《沙巴卡石碑》(《孟斐斯神学》) 中提到的上下埃及的“分界线”“南墙”“王室堡垒”等等。权标头上画的分界线颇类似于中国历史上的鸿沟或“楚河汉界”。碑文说“分界处”是奥西里斯溺水的地方，荷鲁斯“去向【……】的北方，在那里建立起王室的要塞”;“于是，奥西里斯在位于这片土地北部的王室要塞进入冥界，这个地方也是他来的地方。在他的父亲奥西里斯和相伴在他左右的众神的拥抱中，荷鲁斯最终成为上下埃及之王”[2]。碑文的说法可以解释权标头绘画的内涵。这处“王室要塞”建在上下埃及的分界线上，是一座建在纸草地带、远离圣城或神都的新型人间城市，众神在这里拥立荷鲁斯为上下埃及之王。

---

[1] 刘文鹏:《古代埃及史》，商务印书馆，2000 年，第 89—90 页。

[2] 郭丹彤:《沙巴卡石碑及其学术价值》,《世界历史》2009 年第 4 期。

碑文暗示这处要塞与“人王朝”的首都孟斐斯有关。

从逻辑顺序来讲，应该是先在纸草地上筑城，然后再宣布此地为统一后的都城，因此蝎王权标头比纳尔迈调色板的时代略早。这两件文物是国王在下埃及筑城，以及统一上、下埃及的实物见证。虽然蝎子王在下埃及（纸草地）已经筑城，美尼斯在孟斐斯已经建都，但他们祖先的宗庙仍然在荷鲁斯城希拉康坡里斯，每当他们完成一件重大的历史性事件，都要向宗庙祭告。蝎王权标头和纳尔迈调色板就是住在孟斐斯的国王，先后两次到宗庙祭告的献祭品。

按照希罗多德和曼涅托的著作，以及《都灵王表》和阿拜多斯王表等的记载，美尼斯都被定为埃及“人王朝”的开国之君。依据上面的叙述和分析可知，所谓“神朝”就是建立在上埃及诸神发祥地的古国，“神人朝”则由“荷鲁斯的追随者”在下埃及拓展殖民地，最后在殖民地建立包括宗主国在内的统一政权才开始“人王朝”，只有到这时朝廷才真正离开了圣城或者神都。如果不进行殖民和扩张，固守在小国寡民的状态，就不可能进入文明时代，也就没有“人王朝”的历史。

在殖民和扩张的进程中，武力征服是必要的手段，因此战神荷鲁斯虽然不是等级最高的神，但却是最重要的神。然而，战争并不是最好的选择，战神之父奥西里斯作为合法性的来源、宗教受难者和文化道德的化身，受到全埃及人的信仰和崇拜。到目前为止的考古学和历史学研究都表明，文化渗透和经济扩张往往走在武力征服的前头。

古埃及王朝历史开始之后，由神朝及半神朝流传下来的神话体系，被继承和保留下来，经过互相吸收、融合，成为宗教信仰的重要来源。经过整合后，最高等级的神灵是“九柱神”系，它们是宇宙创生的本体和政权合法性的本源，其重要成员都与太阳、天空、大地以及北极星、猎户座、天狼星等联系在一起。次一等级的天神是“三十六旬星”，负责值日，在天空从事“活动和工作”。再次一等级的天神是行星，它们是“众神所拥有之仆人”[1]。其中“旬星”制是古埃及人的独创，对埃及天文学和星占学产生了深远的影响，略述如下。

所谓“旬星”就是值日一旬的星，埃及人称“德坎”

---

[1] 〔英〕米歇尔·霍金斯:《剑桥插图天文学史》，江晓原等译，山东画报出版社，2003年，第21页。

（Decans），意译为“旬星”。古埃及人选取黄道附近的周天36颗恒星，每颗恒星从它始见于东方地平线附近的第一天开始值日，直到第十天后另一颗恒星始见于东方位置，新出现的旬星取代已经上升到空中的前旬星，开始第二旬的值日。36旬共360天，剩下五日由其他星短暂值日，休息过年。每一颗值日的旬星，代表一位值日神，值守十日，掌管黄道上的一个10度区间，称为“十日神”。现在发现的最早的旬星文物是第三王朝的[1]，旬星创立的年代应该更早。

在宗教祭祀历周期年的岁首元旦，最先值日的第一星是全天最亮的恒星——天狼星。宗教历采用朔望月并设置闰月，以使历法与回归年同步，虽然不能使旬首与月首常相符合，但能保证天狼星大致在每年的岁首前后值日，使“三十六旬星”的值日制度基本稳定。用祭祀历计算每年元旦的日期和宗教节日，是非常烦琐的事情；通晓其原理并完成编历，必须要有一批具备深厚学养的专门人才，普通神庙难以完成，一般由宗教中心太阳城赫里奥坡里斯的权威机构完成这

[1] 赵克仁:《浅谈古埃及的天文学》,《阿拉伯世界》1999年第3期。

一高难工作，并且通告尼罗河上的所有神殿。这就造成了宗教统一的客观需求。天文观测原本由神庙自行负责，从第三王朝起在维西尔（Vizier，宰相）的管理下，有一批祭司专门负责观察夜空，注意星辰位置的变化，神庙实际上起到了天文台的作用[1]。

三十六旬星的选取，以天狼星为参照标准，天狼星每年在夜空消失 70 天。如图所示（图 26），自天狼星偕日落、始没于地平线以下，到天狼星偕日出、始见于地平线以上，历时 70 天，大约相当于黄经 70º，这说明每当天狼星靠近太阳 35º（黄经）以内时，将被太阳光覆盖淹没。太阳在黄道上由西向东挺进，大约日行 1 º，当它运行到天狼星以西 35º 黄经时，就是偕日落，从此往后更加靠近太阳，隐没不见；经过与太阳黄经重合，然后离开；当它运行到天狼星以东 35º 黄经时，就是偕日出，从此往后更加远离太阳，连续出现在夜空。35º 是天狼星偕日升时的日距，即偕日升时天狼星与太阳的黄经差。因此三十六旬星体系，在天文学上的本质特征，就是黄道坐标系。

[1] 令狐若明：《古埃及天文学考古揭示的辉煌成就》，《大众考古》2015 年第 6 期。

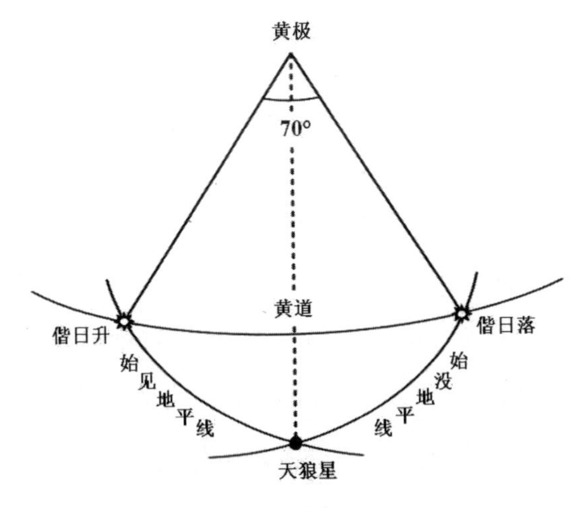

图 26　天狼星偕日升时的日距

公元 2 世纪的世俗体文献卡斯伯格纸草（P. Carlsberg）解释旬星运行模式：旬星“出生”后在东边天空活动 80 天，之后在中部天空“工作”120 天，然后在西部天空“居上”90 天，最后在隐没区停留 70 天（无法在夜空看见）；每个夜晚可以看见 29 颗旬星在夜空中“活动和工作”，7 颗在隐没区中无法看见 [1]。宗教

[1] 颜海英：《古埃及黄道十二宫图像探源》，《东北师大学报（哲学社会科学版）》2016 年第 3 期。

神历按照旬星的“出生”“工作”“居上”等安排祭祀活动。埃及人的天文学知识主要掌握在僧侣、祭司的手中，对星象的观测及解释都是僧侣、祭司独揽的特权。民历也利用旬星来编排历表，每个月分为三旬，每旬十天，每旬的开始依据在黄昏始见的旬星来确定，于是就可以不需要借助月相的变化来编排历谱了。因此三十六旬星不仅在神历，而且在没有闰月的民历（太阳历）中也广泛适用，是联系神历与民历的重要纽带。

三十六旬星实际上是把黄道十二宫的每宫 30 度又细分为 10 度分区，每个区间由一颗具有神性的恒星掌控。“10 度分区”法后来成为星占学的基础。关于黄道十二宫与三十六旬星的关系，著名的丹达拉神庙星图浮雕有详细刻画（图 27）[1]。此图由拿破仑远征军运回法国，现藏巴黎卢浮宫博物馆。

---

[1] a. 令狐若明:《古埃及天文学考古揭示的辉煌成就》,《大众考古》2015 年第 6 期。b. 颜海英:《古埃及黄道十二宫图像探源》,《东北师大学报（哲学社会科学版）》2016 年第 3 期。

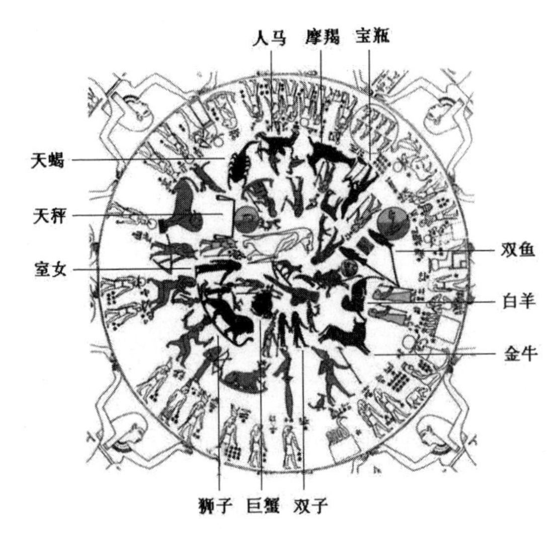

图 27　丹达拉黄道十二宫三十六旬星图（托勒密时期）

此图作于公元前 1 世纪的托勒密王朝时期，外圈画三十六旬星神像，主要为人物神像，并在星神旁用象形文字标注其名称；内圈画黄道十二宫的星象，主要是动物神像，依次为白羊、金牛、双子、巨蟹、狮子、室女、天秤、天蝎、人马、摩羯、宝瓶和双鱼，与现代的十二星座基本相同。外圈三十六旬星边缘有四位女神头顶支撑着天球，四个头顶位置分别指示了二分二至点的位置，它们是：

春分——第一宫　金牛宫

夏至——第四宫　狮子宫

秋分——第七宫　天蝎宫

冬至——第十宫　宝瓶宫

目前发现最早的星图画在第十二王朝一个墓室的棺盖板上；现存的还有十八王朝、第十九王朝的星图，刻画在神庙天花板和墓室棺盖上。与此相关的还有星表，从中王国开始古埃及墓葬中就出现星表，记录旬星的运行轨迹和日期，目前发现有50多个星表，多数出现在墓室天花板或棺盖内侧。

星图和星表一般用于祭祀和星占，用以确定季节、方位、时间、值日星神等，它们出现在埃及人的墓葬中，则与死者的丧葬仪式密切相关。埃及人相信有来世，人死后他的灵魂找到依托就可以复活，这个依托一般是死者的尸体，保持尸体不腐朽，就有了复活的基础。灵魂复活以后不是回到人间，而是成为神灵或者升到天国。因此人死后，需要制作木乃伊，还要算准下葬和举行复活仪式的日子。如果时间太短，木乃伊还没有制作完成；如果时间太长，当值的旬星不再值日了，灵魂就失去了复活的机会。自人死到下葬的时间尺度，就是当值的旬星在夜空“消失”的日子。

实际上旬星“消失”的70天，与木乃伊的制作有关。木乃伊的整个制作过程大约需要70天，希罗多德记载了三种方法，最简便的方法是把尸体放在曹达（药液）中浸泡70天。[1]死者去世的那一旬，正当某一旬星在夜空“消失”，死者的灵魂将由这一旬星引导，度过“消失”的时光。当这颗旬星再次出现在东方并值守一旬的时候，也把死者的灵魂带到地平线上，在此时举行复活仪式，死者的灵魂就能回归木乃伊，成功“复活”。错过这一时机，死者就只能永远待在冥府，供人驱使了。观测旬星的主要目的是锁定那颗随死者“消失”的旬星，计算死者下葬和灵魂复活的日子。这颗旬星在复活过程中至关重要，在丧葬咒语和祭奠仪式中，都需要提到它的名字。[2]

星图和星表是天文学发达的标志，由此可以看到天文学的发展与宗教祭祀和星占迷信的关系更加紧密，而与社会生产并不直接关联。埃及民历对三十六

[1] 刘文鹏：《古代埃及史》，商务印书馆，2000年，第531—532页。

[2] 颜海英：《古埃及黄道十二宫图像探源》，《东北师大学报（哲学社会科学版）》2016年第3期。

旬星的应用，只是宗教历的副产品，并不代表天文历法的起源。如果说黄道十二宫有两河流域的影响，那么三十六旬星绝对是古埃及人的独创。

古埃及文明对希腊罗马的影响，可以从天文学上看得十分清楚，三十六旬星的10度分区和值日制，本质上属于黄道天文学体系，这影响到整个西方天文学的传统。只有在遥远东方的中国，没有受到埃及和古巴比伦的影响，从而独立创制了赤道天文学体系。

祭祀与星占促进了天文学的发达，这是天文学起源与发展的社会和人文背景。天文学内涵本身的发展，才是天文学发展史的主体。中星观测和时间计量无疑是早期天文学最重要的内涵之一。

时间计量与人们的社会生活息息相关，也是天文学要解决的首要问题之一。现代人认为时间在均匀地流淌，但远古先民不一定这样认为，因为很难找到计量均匀时间的方法，等时制的计时仪器很晚才被发明，为人们广泛接受则更晚。

古埃及人的见星、伏星是三十六旬星，并且旬星的10度分区是依据黄道划分的，每10度对应的赤道区间并不相等，因此按旬星间隔测得的时间是不等的。

有的学者认为三十六旬星可以用于测时间[1]，有的学者认为并非用于测时[2]，关键在于对“时间”的理解是否是等时的：如果采用等时制，三十六旬星是不能测时的，反之则可。

新王国第十八王朝时，埃及人阿明叶姆海脱（Amenemhet）设计了一种特制的水钟——漏壶。一份纸草文献记载他发明水钟的情况说：

> 我发觉河水泛滥时节的夜长达14小时，可是收庄稼时节的夜只有12小时……我发觉夜的长度逐月增长，而又逐月缩减……我便做了一个计算一年的测时仪器。上下埃及之王、声威远及的阿蒙霍特普一世喜欢测时仪器超过了所有别的东西。这个仪器对一年中的每一天都是正确的。在以前从来没有做出过这样的东西……每点钟都按时来临。水从一个孔里流出来。[3]

[1] 〔英〕米歇尔·霍金斯：《剑桥插图天文学史》，江晓原等译，山东画报出版社，2003年，第21页。

[2] 颜海英：《古埃及黄道十二宫图像探源》，《东北师大学报（哲学社会科学版）》2016年第3期。

[3] 令狐若明：《古埃及天文学考古揭示的辉煌成就》，《大众考古》2015年第6期。

文中提到的法老阿蒙霍特普一世，于公元前 1529 至前 1509 年在位，相当于中国的商代前期。根据这段描述，测出的时间是等时的，并且在这以前的测时仪器都不能计量等时。现存的埃及漏壶是公元前 14 世纪的文物，壶身做成截锥体的斗状，当水位在上部时，水压大流量较快，但水量的体积也大，这使得流速快不一定意味着水位的下降速度快；当水位下降时，水压减小，流速减慢，但水量的体积也在相应地减小，这使得流速减慢不一定意味着水位的下降速度也减慢。截锥体漏壶通过从上到下逐渐缩小体积的方式，来抵消水位降低造成的滴漏减慢[1]，从而使水位保持均匀的速度下降，这就可以用来计量等间距的时间单位了。然而公元前 16 世纪的这项新发明，似乎并没有改变埃及人的计时习惯，至少有两件文物说明埃及人一直采用不等间距计时制。

现藏德国柏林博物馆的一件圭表，是公元前 8 世

[1] a. 宣焕灿:《天文学史》，高等教育出版社，1992 年，第 10 页。b. 陈久金:《天文学简史》，科学出版社，1985 年，第 28—29 页。

纪的古埃及文物，或称为“日影钟”（图 28）[1]。它是用来测时间的，我们姑且称之为“测时圭表”。其原理是立杆测影，依据太阳高度来测定时间，即日高测时法。如下图所示（图 28），测时圭表由木制的地圭和 T 形的表杆组成，在长条形的地平木的一端，竖立一表杆，杆端有平顶木，形成与地平木垂直的丁字架，地平木上刻 6 时辰。

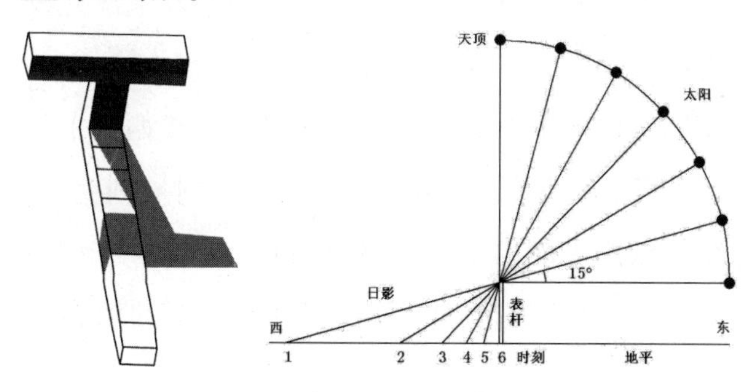

图 28　古埃及的测时圭表示意图

使用时，先将平顶木朝东、地平木向西放置在地平面上，当太阳出现在东方地平线时，高度为零，平顶木影长无限，而在地平上没有投影，记为 0 时；太阳在近地平时上升的速度很快，不久平顶木的投影就

[1] 莫海明、周继舜：《古典天文测时工具——日晷（sundial）溯源、结构装置及运用》，《广西师范学院学报（自然科学版）》2002 年第 1 期。

会出现在地平木的时辰刻度上，由长变短，依次可测出上午半昼长的 6 个小时。太阳自地平线上升到南中天，在东西方向上可视为升高 90º；每升高 15º 视为 1 小时，在平顶木投影于地平木的影端处记下 1 时辰的刻度。

正午当太阳上中天时，高度达到最高，方位到达正南，与地平木垂直相交，平顶木在地平木上没有投影或者影长为零，即所谓“日中无影”，记为第 6 时。这时需调转地平木 180º，使 T 形表杆朝向正西，中午过后，平顶木的投影就会出现在地平木的时辰刻度上，由短变长依次可测出下午半昼长的 6 个小时。人们只需在地平木上按日影到达位置读出时辰，就可测得白昼共 12 小时。

当表杆的高度确定之后，影长与太阳高度之间有固定的对应关系，即函数关系。设表杆的高度为 1 个单位，太阳高度＝h，则 $\tan h = 1/$ 影长，于是有

第 1 时刻度　　影长＝ $1/\tan 15^\circ \approx 3.73$

第 2 时刻度　　影长＝ $1/\tan 30^\circ \approx 1.73$

第 3 时刻度　　影长＝ $1/\tan 45^\circ = 1$

第 4 时刻度　　　影长 $= 1/\tan 60^{\circ} \approx 0.58$

第 5 时刻度　　　影长 $= 1/\tan 75^{\circ} \approx 0.27$

第 6 时刻度　　　影长 $= 1/\tan 90^{\circ} = 0$

埃及圭表的时辰刻度，隐含着最早的余切函数表。这样得到的时辰长度是不等的，但对应的太阳高差是相等的（每时 15°）。不管季节和昼夜长短怎么变化，都能用同一个简单的标准去度量时间，这是不等时制的优点，也是古埃及人不愿意放弃它的原因。但是无论昼夜长短怎样变化，一律记为 12 小时，就难以看出季节变化了。

另一件文物是近年瑞士巴塞尔大学考古队在古埃及新王国的法老与贵族墓地——帝王谷，发掘出土的一尊日晷[1]，距今 3300 余年，相当于中国的商代晚期。如图所示（图 29），日晷的晷面如茶盘大小，刻绘一个半圆，有圆心孔以插晷针，自圆心刻画放射线条等分半圆为 12 份，每份夹角 15°。

[1] 令狐若明:《古埃及天文学考古揭示的辉煌成就》,《大众考古》2015 年第 6 期。

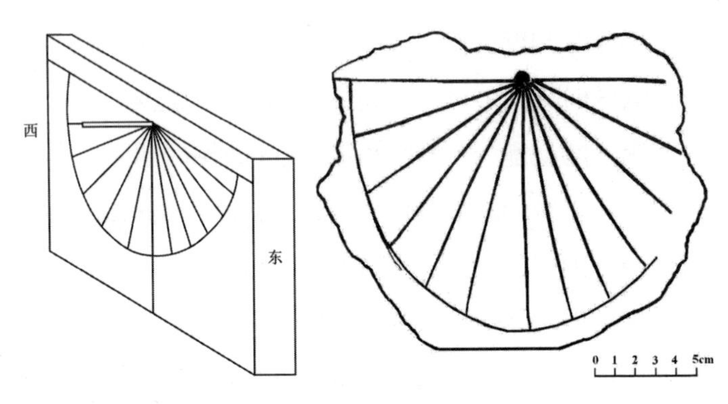

图 29　古埃及的壁挂式日晷

我们认为这是一件壁挂式日晷，安装在东西向的墙壁上，依据晷针投影在放射线条中的位置，判定时间，整个白昼为 12 时。它的原理与测时圭表一样，即等分太阳高度角以测时。这件仪器说明埃及人把白天和夜晚各分为 12 时，白昼长是 12 小时，白昼短也是 12 小时，那么一个“小时”的长度会依昼夜长短变化而改变。

需要特别指出的是，埃及圭表和日晷所依据的太阳高度都不是真正的地平高度，而是地平高度在天球卯酉线（东西向）上的投影。例如太阳在天子午线上，它的高度并未达到 90º，但在卯酉线上的投影是 90º，所以圭表和日晷均显示为半昼中午第6时。也就是说古埃及的日高测时法，实际上是利用太阳高度和方位联合测时的，可由现代天文学知识予以说明，球面天文学关于边的正、余弦公式为：[1]

$$\sin A \cos h = -\cos\delta \sin t$$

$$\cos z = \sin\varphi \sin\delta + \cos\varphi \cos\delta \cos t$$

观察公式可得到两个定性的结论：第一个结论是，太阳时角（t）与其方位（A）、高度（h）相关，它们之间是三角函数关系，没有线性关系，那么由方位和高度决定的等距刻度，不可能对应于等距时间。概言之，古埃及的圭表和日晷，测不出等间距时间。第二个结论是，太阳时角（t）与其赤纬（δ）相关，而太阳赤纬是季节性因素，因此古埃及的单位时间长度因季节而变化。要之，古埃及的时间单位，从来就不是相等的。

古埃及虽然很早就发明了等距计时的水钟，这种先进仪器也许已应用于天文观测和校验历法，但并没有取代圭表和日晷，民间仍然因袭着天文学起源时期的古老习惯——不等间距计时。

[1] 〔德〕G. D. 罗斯主编：《大文学手册》，科学出版社，1985年，第181页。

无论是等时制还是不等时制，都需要校准绝对时间点——午中和夜半时刻。在不等时制下，只有午中和夜半时刻是固定的，其他时刻，例如黄昏和平旦等均随季节和昼夜长短而变化。早期天文学非常重视测定午中和夜半时刻。用圭表和日晷测太阳高度，可以校准午中时刻。夜半时刻一般通过中星观测来校准。某一时刻出现在天子午线上的星，就是该时刻的中星；反之某一中星，可以校准某一时刻，例如可以利用昏、旦中星预先测知当天的夜半中星，当此星出现在子午线上，这时就是夜半时刻。恒星依次上中天，根据它们的赤经差，可以标定夜晚的时间。

最重要的中星观测是观测昏中星、旦中星和夜半中星。当始见星（旬星）出现于东方地平线时，此时的南天中星就是旦中星；当始没星（旬星）出现于西方地平线时，此时的南天中星就是昏中星。严格地观测始见星和始没星的位置，画出它们的中分线，太阳就位于这条中分线上。严格地观测昏中星和旦中星的位置，画出它们的中分线，夜半中星就位于这条中分线上。当夜半中星上中天时，就是夜半时刻。事实上，旬星是事先划分好了的区间界星，间距是不等时的，一般用始见和始没的旬星测太阳的黄道位置，而要校准时间必须改换另一套系统，就是中星测时。中星和旬星在天文学上发挥着各自的功能，两者不能互相取代，而是相辅相成的。

新王国的一幅观星图反映了中星观测的情景（图30）[1]：观察者朝向正北，头顶中央对准子午线，背后布满了经纬线组成的方格，左右各4格，头顶以上是6格，头顶以下也是6格。设一格为15º，以天顶为界，则南、北天区各占90º，东、西天区各占60º。人们把观察到的星象描绘在方格网纸草上，制成星图，类似于今天的天文横图。图中显示观察者记录左边第3格经线上有一颗星，右边第3格经线上有两颗星，左右第4格上没有星；头顶以上的子午线上（南中天）有四颗恒星，明显多于其他位置，说明在东西方向上只记录6格以内（高于45º）的星，主要记录南中天的中星，辅之以中星左右对称的星。这张星图以头顶为中心，表示恒星位置的方格网可能属于地平经纬网。因为只有地平坐标才会以头顶为界，上下分为90º。

[1] 令狐若明：《古埃及天文学考古揭示的辉煌成就》，《大众考古》2015年第6期。

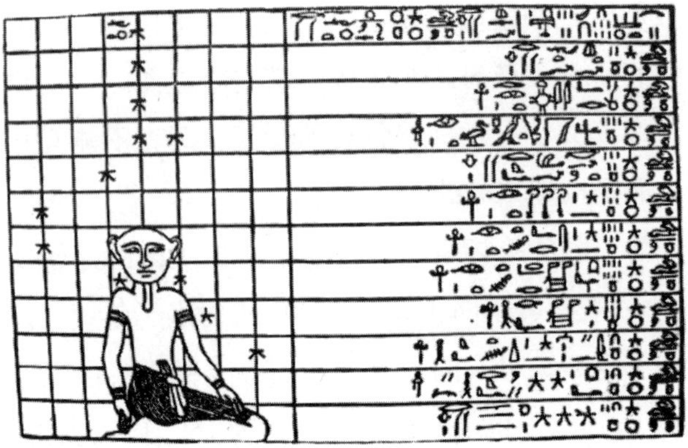

图 30　古埃及的中星观测记录图

埃及人发明了一种用于中星观测的仪器，叫麦开特（Merkhet），现在埃及还保存有公元前 1000 多年前的麦开特实物[1]。麦开特是一块中间开缝的平板，有一根铅垂线，悬于木头手柄，平板安装在南北方向的水平架子上，使铅垂线与平板垂直，则平板显示为水平，从板缝中可以窥见某星过子午线，记下角距相等的恒星依次过中天的时刻，就是等间距的夜时间。移动远端的立杆，使其杆顶与近端杆顶的连线指向中星，然

[1] 陈久金：《天文学简史》，科学出版社，1985 年，第 28—29 页。

后测量两杆的距离和高差就可以计算出中星的高度。[1]对于恒显圈内的恒星，人们可以观察它正好处于夜空中的最低位置（下中天），从而标记出正北方位。麦开特装置虽然简单，却具有测时、测高、测方位多种功能。

麦开特是一种地平装置，它所测得的恒星间距是地平经差，然而都是在恒星上升到中天位置时所测，在这个位置的地平经与时角相差最小，近似于测得了等间距的时间。这个简略的装置在夜间能提示每个10度区间到来的时间，星占家通过记录这些时间，用图表计算、标出太阳的位置以及夜晚的每个小时。麦开特所测的时间虽然不能完全等同于赤道装置的时间系列，然而遵照统一标准测量恒星始见与中天时间，完全能测出哪一天是白天“最长的一天”和“最短的一天”。或者观测昏、旦中星，计算它们之间的距离也能得到二分二至的准确日期。这就是为什么古埃及的圭表和日晷不能测等时，而埃及人却知道夏至和冬至在哪一天的原因。

中星观测对历法的重要性是不言而喻的，但旬星

[1] a. 宣焕灿：《天文学史》，高等教育出版社，1992年，第10页。b. 陈久金：《天文学简史》，科学出版社，1985年，第29页。

的宗教意义是昏、旦中星不能比拟的。两者互相结合才能更好地促进天文学内涵的发展。

七、“蝎王之岁”与蝎子王历法

有文献可考的埃及历法可以依据有关节气，如泛滥季、夏至日期以及天狼星偕日升的日期等，去追溯它的历元或起算点，大致可以知道它制定和颁行的年代。早期的历法是观象授时历，如果能够知道早期历法可能利用的若干特征天象，也可以追溯它的起源。我们要追寻埃及上古历法的起源，最早的实物例证是希拉康坡里斯神庙“大宝藏”坑中出土的蝎子王权标头。蝎子王生活在公元前 3100 年以前，比大金字塔的建造者胡夫国王要早 500 多年，他所处的时代有怎样的天文背景呢？

首先我们要阐明权标头上的“蝎子”图案代表黄道十二宫中的蝎子宫。为了说明这个问题，可以参看两河流域公元前 1100 年左右的界石或界碑（kudurru）

（图 31）[1]，它是古巴比伦第四王朝（公元前 1157—前 1026 年，伊辛第二王朝）的文物。黑色的界石又称为黑石。界碑是国王授予地产的凭证，右面或上部刻神像或神的象征，如以圆盘象征太阳神沙玛什（Shamash），以月牙象征月神辛（Sin），以八角星象征金星女神伊师塔（Ishtar）；左面或下部的楔形铭文一般多记载国王授予土地的情况，包括土地转让的契约以及违反契约的咒语等。如图所示（图 31），这件界石的中部一栏刻有蝎子、狮子、长颈兽等，边缘刻有长蛇，一般认为这些动物代表星座——蝎子座、狮子座、长蛇座等。从此图的布局来看，这些星座显然是用来标示日（Shamash）、月（Sin）、星（Ishtar）的位置的。标准的

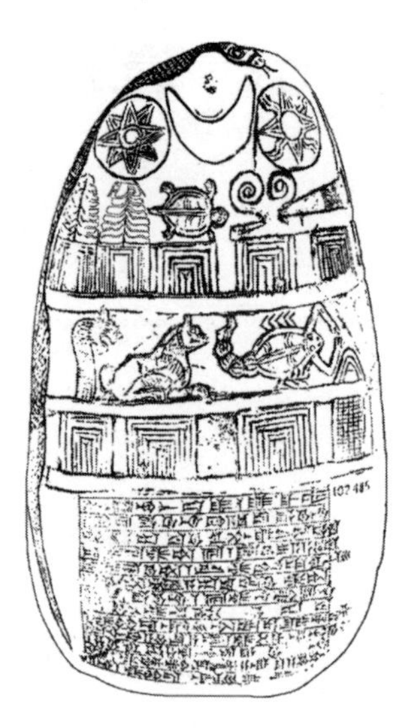

图 31　古巴比伦的界石

[1] 〔英〕米歇尔·霍金斯：《剑桥插图天文学史》，江晓原等译，山东画报出版社，2003 年，第 18 页。

星图应该能看出国王封授土地时的纪年天象，此图已经抽象和程式化，纪年天象不能直观地看出来了。

与蝎子王大致同时代的利比亚调色板上刻画了七座堆堞式城堡，有隼鹰、狮子、蝎子、双鹰等动物手持锄头分别站在某一座城的堆堞城头上（图 32），一般认为这是七个诺姆（城邦）的联盟。[1] 我们认为这七种动物也应是星座的象征，它们以隼鹰为首，即所谓“荷鲁斯的追随者”。蝎王权标上有蝎王手持锄头治水筑城的形象，利比亚调色板的七动物手持锄头，可能是该城的修建者或保护神，同时也可能是星座的象征，表示人间的这七座城堡对应于

图 32　利比亚调色板

[1]　刘文鹏：《古代埃及史》，商务印书馆，2000 年，第 100 页。

天上的黄道十二宫，它们都是天神或者人王的行宫。

蝎王权标上的蝎子图案上方有一颗七角芒星（图33），一般用八角星表示金星，七角星比八角星要暗一等，我们认为此即木星（朱庇特 Jupiter），中国人称为“岁星”。七角星与蝎子的组合表示这一年“木星在蝎子宫”，是一种用于纪年的天象。天蝎座的最亮星（α），中国古代叫“大火”星，又叫“心宿二”；黄道十二宫中的天蝎宫，相当于中国岁星十二次中的“大火”次，这个天象中国古人称为“岁在大火”，或者叫“岁星守心”。

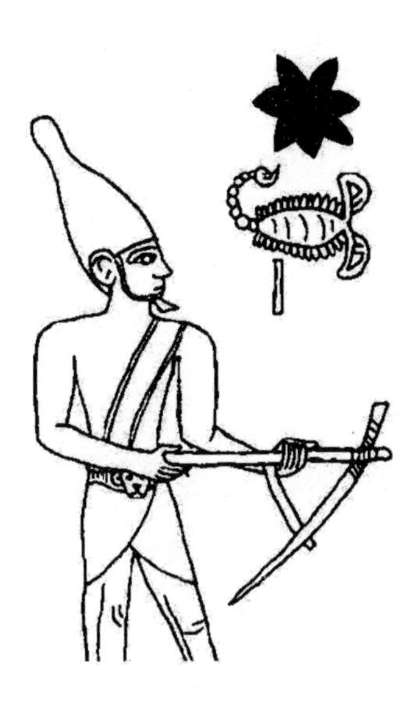

图 33 “蝎子之岁”的天象

木星的公转周期是 11.86 年，接近于 12 年，中国人把黄道十二次叫“岁星十二次”，并专门用它来度量木星位置，这就是“岁星纪年”。例如“岁在大火”的天象，作为岁星纪年，这一年就是“大火之岁”。古埃及的三十六旬星是晨见、昏伏星，最适于测量太阳位置；合而为十二宫不外乎度量“日、月、星”的位置。其中太阳在十二宫的位置可表示十二月份，月亮位置可以表示日期，行星的位置一般表示纪年。最适合于纪年的行星莫过于木星了。蝎王权标上的“蝎子－芒星”组合表示了“木星在蝎子宫”的纪年天象，我们不妨把这种天象的年份称为“蝎子之岁”。下面我们来讨论“蝎子之岁”的可能年代。

首先来看蝎子宫之于太阳位置的意义。利用SkyMap采集数据，可知蝎子宫的最亮星天蝎座 α 在公元前3100—前3000年的百年间非常靠近秋分点（180,0）（图34），最近的年代是公元前3050年左右，天蝎座 α 的位置为赤经178.4º、赤纬-3.6º，与秋分点的距离为3.9º，约8个月亮的间隔。这与第一王朝美尼斯统一埃及的年代非常靠近。

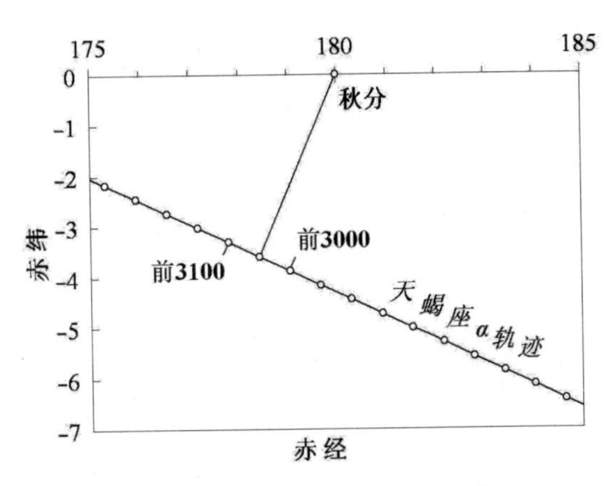

图 34　天蝎座 α 作为秋分点的年代

再来看木星周期给出的具体年代。我们以公元前 3100 年美尼斯统一埃及前后约 50 年为限，检索 SkyMap 天象，以蝎子宫为中心，考察其左（东）边的人马宫、右（西）边的天秤宫和室女宫出现的日、月、五星；考察日期以日月合朔前后为宜，列出木星在蝎子宫的年代及日月五星位置如下表（表 12）。当太阳位于人马宫或蝎子宫时，蝎子宫、天秤宫和室女宫依次出现在夜空的东方，直至清晨日出时才消失在东半球的夜空之中，在此范围内出现的五星，我们视为“五星聚会”。当太阳出现在五星之间时，把“五星聚”视为看不见。

表 12

公元前			日月五星的位置				备注
年	月	日	人马宫	蝎子宫	天秤宫	室女宫	
3155	10	27	月－水－日	木			
3143	10	16	月	日－木	水－金－土	火	秋分、五星聚会
3131	10	31	月－日	木－水			
3119	10	19	水	月－日－木	金		看不见
3107	11	4	土－水－日－月	火－木			
3095	10	23	水	木－日－月－金			看不见
3083	11	9	水－日－月	木	土	火	
3071	10	27	火	木－日－月－金－水			看不见
3060	10	26	月－水	日－火－木	金		
3048	11	12	土－水－日－月	木			

五大行星的轨道面与黄道面大致重合，当它们同时出现在夜空时会在天球上连成一条直线，中国古代称为“五星连珠”。月亮每月公转一周，每天运行约12.2º，当它与太阳同处一宫时，通常会在一到两日内与先期到达的太阳会合，这时月球与太阳的黄经相等，月相用语称为“朔”，英语称为“新月”（new moon）。中国古代把合朔天象视为吉祥，称之为“日月合璧”，并以朔日为每月的初一日。古埃及的民历（太阳历）

不与月相相关，而神历（太阴历）则可能以始见新月（蛾眉月）作为一月的开始。

上表显示，在统一埃及之前的半个世纪内发生过一次“五星连珠”的罕见天象，年代为公元前 3143 年。如图所示（图 35），公元前 3143 年 10 月 14 日合朔，16 日秋分，晚见蛾眉月，晨见五星聚会：木星在蝎子宫首，水星－金星－土星在天秤座，火星在室女座尾部，五星聚会角约 30º。

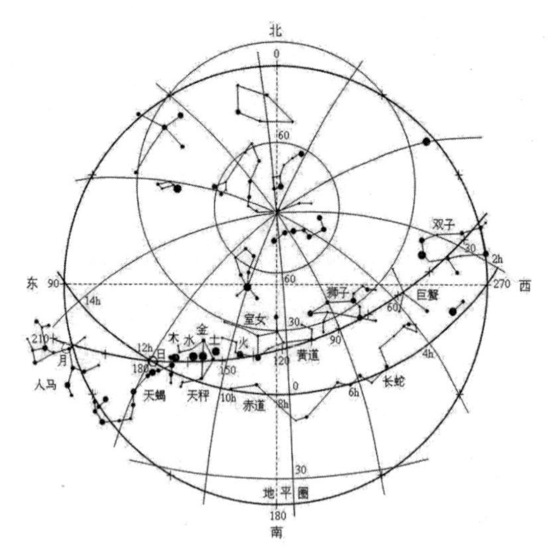

图 35　蝎子之岁的“新月－秋分－五星聚会”天象（公元前 3143 年）

上图所示的天象，包含有三个起始点：

①秋分，是阳历（节气）的起始点；

②新月，即蛾眉月，是阴历（月）的起始点；

③五星聚会，是“岁星”（年）的起始点。

这些天象是很难同时发生的，如果同时发生了，等于启示人类：日月五星的运动可以在同一天开始，经过共同的周期，又回到珠联璧合的状态，这就是理想历元——历法起算点。中国古代把历元叫作四大元始——日始（夜半）、月始（朔）、气始（至）、年始（岁）合一。蝎子之岁公元前 3143 年的“新月 – 秋分 – 五星聚会”天象，具备了四大元始的基本要素。

我们以五星聚会为例，来说明寻找这类共同周期有多么不容易。理论上五星聚会的周期是五大行星公转周期的最小公倍数。五大行星的公转周期是：

水星周期：87.97 天

金星周期：224.71 天

火星周期：1.907 年

木星周期：11.87 年

土星周期：29.458 年

我们对五星的聚会角不作严格要求，来粗略地估算一下，下一次五星聚会大概需要多少年。日月每年聚会12次，地内行星水星、金星的周期小于1年，粗略地概算可以不必考虑它们对周期年的影响。地外行星火星、木星、土星的周期大于1年，因此五星聚会的周期主要由火、木、土三星决定。对三星周期取整数粗略地估算一下，取火星周期为2年，木星周期为12年，土星周期为30年，它们的最小公倍数是60年，即：

火星：$2 \times 30 = 60$

木星：$12 \times 5 = 60$

土星：$30 \times 2 = 60$

表12中公元前3143年五星聚会，60年后的公元前3083年，当日月合朔于人马座时，木星、土星、火星分别出现于天蝎、天秤、室女座，是外行星60年周期的一次再现。这种情况在人的一生中只能碰见1—2次。

以上是粗略概算的结果，若起始年三星的聚会角较小，60年后第一次发散还能看到三星聚会，再往后随着误差累积，三星距离越来越远，60年周期就不存在了。如果起始年三星的聚会角本身就很大，60年后第一次发散就有可能看不到三星聚会了。我们取三星的准确周期，估算它们的聚会年，即：

火星：$1.907 \times 355 \approx 677$

木星：$11.87 \times 57 \approx 677$

土星：$29.458 \times 23 \approx 677$

得到地外行星火、木、土三星聚会的周期约为677年。历法的编算需要用到这类周期，它依赖于人们对各个行星周期的具体测量值。中国古代把历法的这部分叫作“五星历”，实际上是求得行星周期与太阳周期并加以整合，以确定“年”(岁)的开始。

三星聚会已很不容易，再加上同时秋分、始见新月，那就更加可遇不可求了。我们回到蝎王权标头上来，蝎子王碰上这样千载难逢的机遇，一定会利用它来制定统一的历法，因此“蝎子之岁”的最大可能是公元前3143年的“新月－秋分－五星聚会”周期年。

作出上述判断是基于以下理由：

第一，“五星聚会”周期年与蝎王权标头的年代相符。学术界公认蝎王权标头的年代略早于纳尔迈调色板，主流意见认为纳尔迈就是美尼斯，蝎子王可能是纳尔迈或美尼斯的直接先驱。通常埃及年表把美尼斯统一上下埃及的年代定于公元前3100年左右，而“五星聚会”周期年比统一年略早40年左右，相隔一两代人的时间，无论从相对年代的逻辑顺序，还是绝对年代的时间间隔，蝎子之岁都与“五星聚会”周期年相合。

第二，“蝎子宫”的特殊位置与蝎王的身份相符。在古埃及由神王朝向人王朝过渡时期，“蝎子宫”是黄道上的秋分点所在，天蝎座 α 距离秋分点仅4º左右，这一标志点古埃及人通过旬星或中星观测可以推算出来，这一天昼夜平均也可以测量得到。蝎子王作为半神朝的英雄人物，对应天上的星神，就是黄道十二宫的天蝎座；天蝎座发生的天象均与蝎子王本人及其统治的地域有关，类似于中国古代星占术中的“分野”。还有一个特殊之处，就是天蝎座是隔着“天极－黄极”与猎户座对应的星座（图16），当猎户座从西方地平线隐没之时，正好天蝎座从东方地平线上升起，中国古代称为“参商不相见”；古埃及称之为“追随者”，即当荷鲁斯（猎户座）落下时，其“追随者”蝎子王（天蝎座）紧追其后，随即升空取而代之。天象启示现实中可能存在两个集团，后者标榜为前者的“追随者”

以取得合法统治地位，这与蝎子王所处的时代及其身份也是相符合的。

第三，五星以木星为首而聚会，这与蝎王的地位相符。蝎王权标头刻画在白冠王前面的右前方残留有两个小人物举着带有盟邦标志的旗帜[1]，纳尔迈调色板背面刻画在红冠王前面有完整的四个盟邦成员举着各自的标志性旗帜。这说明蝎子王可能是邦盟的盟主。“五星聚会”的情形是：木星居五星的最东边，离太阳最近，在客观上造成一种以木星为首、朝向太阳的格局，类似于中国古代所称的“五星从岁星聚”。

蝎王时代有关邦盟的具体情况因史料缺乏不得而知，我们援引中国历史上著名的类似事件加以说明。《史记·天官书》载：“汉之兴，五星聚于东井。”《汉书·高帝纪》：“(汉)元年冬十月，五星聚于东井，沛公至霸上。”《汉书·天文志》：“汉元年十月，五星聚于东井，以历推之，从岁星也。此高皇帝受命之符也。故客谓张耳曰：‘东井秦地，汉王入秦，五星从岁星聚，当以义取天下。’秦王子婴降于轵道……五年遂定天下，即

[1] 刘文鹏：《古代埃及史》，商务印书馆，2000年，第87页。

帝位。此明岁星之祟义，东井为秦之地明效也。”《史记·天官书》《史记·张耳陈余列传》记载，张耳是参加陈胜起义的一位重要人物，被项羽封为常山王，后被陈余打败，当他落败之时，究竟是投靠项羽还是投靠刘邦，他犹豫不决，这时天文学家甘公对他说“汉王之入关，五星聚东井。东井者，秦分也。先至必霸。楚虽彊，后必属汉”。于是张耳投奔刘邦，成为汉王集团的重要成员，他与韩信一起灭赵后，被刘邦封为赵王。“五星聚东井”之后，刘邦仅用五年的时间就统一了天下，他自己曾说“吾以布衣提三尺剑取天下，此非天命乎？”(《汉书·高帝纪》)。这年的实际天象是大周期的木星和土星都位于双子座（东井），而火星几乎在对面位置,因而只具备“四星聚”的条件；当7—8月间水星、金星出现在太阳西侧的狮子座、巨蟹座时，就构成了“四星聚”的天象。这比秦历的十月（11月）略早，也有可能是甘公“以历推之”的结果，故此与实际天象略有差异。综上，张耳投汉事件是一个根据“五星聚”天象选择加入何种邦盟的典型案例，由此可见天象启示对于人们决策行为的重要性。

南朝梁沈约撰《宋书·天文志》载：“今案遗文所

存，五星聚者有三：周汉以王，齐以霸。周将伐殷，五星聚房；齐桓将霸，五星聚箕；汉高入秦，五星聚东井。”《尚书·牧誓》记载周武王伐纣时有“庸、蜀、羌、髳、微、卢、彭、濮”等八个盟国。齐桓公践土之盟（前632年）共有宋、齐、鲁、郑、蔡、卫、莒等七国加盟。总之，“五星聚会”天象，象征人间有重要的盟会活动或联合军事行动。蝎王权标头刻画的木星与蝎子宫图像，应是五星聚会于蝎子宫，而盟主（木星）居首的写照；盟邦成员举旗相从，显示了蝎子王作为盟主的地位。

蝎王权标头上刻画了上埃及的白冠王及其盟邦成员的形象，纳尔迈调色板上刻画了下埃及的红冠王及其盟邦成员的形象，这两个邦盟集团是统一的埃及联合王国的政治基础。

第四，蝎子王以“新月－秋分－五星聚会”的天象为理想历元，制定了历法。这部历法的历元特征是：公元前3143年，岁在蝎子，岁首秋分，新月始见、五星聚会等（图35）。其他方面与后来的民间历法——太阳历基本一致，以365日为一年，30日为一月，年终五日为庆典，等等。由于历书年的长度与回归年差 0.2422 日，随着时间推移，最初的岁首节气（如秋分）越来越离开岁首，至 365/0.2422 = 1507 年以后才恢复原貌，这个时间间隔可称为“岁首节气恢复周期”或简称为“节气恢复周期”。这个周期与“天狼星偕日升”在岁首重新出现的周期（即所谓“天狼星周期”），在形式上很类似，容易被混淆，但它们是两种性质不同的天象，它们的恢复周期在数值上也不可能等同，这是需要特别加以注意的地方。

了解了有关“节气恢复周期”的来历，就可以已知的埃及太阳历为起点，追溯到远古时期的历元，看它是否与蝎王历法符合。

托勒密《至大论》记载说“夏至点大约发生在亚历山大死后的 463 年 12 月 11 日子夜后 2 小时或者 12 日”。[1] 这个夏至点的年代可由亚历山大大帝的亡年（前 323 年）推算出：463 – 323 = 140 年，由于公元元年前没有 0 年的设置，故此年为公元 139 年。以此为起点进行回推，可分四步进行计算：

第一步回推：计算将夏至点恢复到首月的年代。

[1] 邓可卉：《希腊数理天文学溯源——托勒玫〈至大论〉比较研究》，山东教育出版社，2009 年，第 35 页。

自“12 月夏至”到“元月夏至”，按太阳历相距天数为：$11 \times 30 = 330$（日）

自“12 月夏至”恢复到“元月夏至”所需年数为：330/0.2422=1362.5（年）

自公元 139 年向前推 1362.5 年，故此有公元前

1362.5–139 = 1223（年）

第二步回推：计算岁首由“夏至月”恢复到“秋分月”的年代。

自夏至月到秋分月，按太阳历需三个月即 90 天，所需年数为：

90/0.2422 = 371.6（年）

371.6+1223.5 ≈ 1595（年）

第三步回推：计算岁首“秋分月”恢复到岁首“秋分日”的年代。

《至大论》记载说日期在“11 日子夜后 2 小时或者 12 日”，考虑到新月始见在傍晚，且新月见否容许有 1 天左右的误差，我们取时间间隔为 10.5 日是适宜的，故此有：

10.5/0.2422 ≈ 41（年）

1595+41 = 1636（年）

即公元前 1636 年是一个岁首秋分见新月的周期年。

第四步回推：

将以上所算得的周期年，再加一个节气恢复周期（1507 年），于是得到：

1636+1507 ＝ 3143（年）

结论：公元前 3143 年即所求历元。此即蝎子王历法的特殊天象“新月 – 秋分 – 五星聚会”历元。

至此，蝎子王制定最早历法的历史性事件，得到切实证明。追溯蝎王历法，我们有三大证据：出土文物是地下的证据，传世文献是地上的证据，天文历法计算是天上的证据。三大证据互相印证，使我们的结论建立在牢固的基础之上。

蝎子王的成功，无疑受到了天象的启示和推动，尤其是五星聚会昭示人们必须团结在蝎子王的周围，这种由天象激发的号召力和凝聚力是人间社会难以比拟的。天象启示还激发出人类社会的想象力和创造力；像历法这种高难精致的精神文化产品，是在近乎完美的天文图景下，才被人们创造出来的。

八、古埃及的民历

蝎王历法是我们依据出土文物和传世文献，利用天文软件和历法计算追溯得到的人类社会最早制定的具有科学意义的历法。它同时具有阳历和阴历因素，是后来埃及盛行的民历和神历的共同起源。但蝎王历法没有考虑尼罗河的涨潮或泛滥等周期因素，与我们习惯上认识的埃及历法有所不同。这不是历法本身的问题，而是天文背景没有提供这种可能，当年的天象提示了四大元始，却没有同时提供第五大元始——尼罗河泛滥季的开始。事实上尼罗河从夏至前后开始涨水，至白露前后水位达到最高峰，到秋分时已泛滥半个多月了。

下面我们来探讨与尼罗河周期相关的早期历法，方法是依据出土纸草文献，结合传世典籍记载，利用天文软件和历法计算追溯到特征历元。埃及的早期历法，就像古埃及人把他们自己的历史分为“神王朝”和“人王朝”那样，也要分宗教历法（神历）和民间历法（民历）。英国剑桥大学的天文学史家米歇尔·霍金斯主编的《剑桥插图天文学史》指出，古埃及使用“宗教历法”和“行政历法”：“行政历法”就是太阳历；宗教历法则采用太阴月（29.5 天），有时一个月 29 天，有时 30 天，一年 12 个月，大约积三年插入第 13 个月，以与天狼星“偕日升”的周期符合。[1]

在卡尔斯堡考古发现的纸草书（Carlsberg Papyrus）第 9 号中，记载了一种阴阳历[2]，是为了宗教祭祀——杀羊告朔而设计的，规定：25 年＝ 309 月＝ 9125 日。于是有闰周关系：

$$309 = 12 \times 25 + 9$$

即采用“25 年 9 闰”法。其回归年和朔望月的长度分别为：

1 年＝ 9125/25 ＝ 365 日

[1] 〔英〕米歇尔·霍金斯：《剑桥插图天文学史》，江晓原等译，山东画报出版社，2003 年，第 20—21 页。

[2] 赵克仁：《浅谈古埃及的天文学》，《阿拉伯世界》1999 年第 3 期。

1 月 = 9125/309 = 29+164/309 = 29.53074 日

这种历法比较复杂，例如大、小月和闰月如何设置，朔望日、二分二至时刻等，每年都要重新编排。忽而小月，忽而大月，忽而一年 12 个月，忽而 13 个月，等等，一般老百姓使用起来很不方便，只有专门从事祭祀活动的僧侣才会编算和使用这种历法。这种祭祀历法综合了月亮与天狼星的运行规律，或许可以称为“阴星历”，在前王朝时期得到使用；而“民用历”出现较晚，有说大约创立于早王朝第一王朝的公元前 2937—前 2821 年。[1]

埃及的民用历法即所谓“行政历法”，是以太阳的回归年长度为周期的太阳历。由白昼最短（冬至），经历昼夜平分（春分）—白昼最长（夏至）—昼夜平分（秋分），再回归到白昼最短（冬至），是一个回归年。单纯的太阳历并不考虑月亮周期，所有月份没有大小，一律 30 天，不与月亮圆缺发生联系，没有置闰的做法。没有闰月是太阳历的最大优点，也是它在民间大受欢迎的地方。

回归年的长度是季节的周期，而尼罗河的涨落就

[1] 杨柳凌、袁指挥:《古埃及历法漫谈》,《吉林华侨外国语学院学报》2004 年第 1 期。

是受季节因素控制的。马克思曾经说:“计算尼罗河水的涨落期的需要,产生了埃及的天文学。”[1]尼罗河的水量主要受上游三大支流的控制,其中发源于埃塞俄比亚高原的青尼罗河和阿特巴拉河提供了85%的总流量,发源于东非高原布隆迪高地的白尼罗河提供了15%的总流量。[2]青尼罗河提供了全年60%的总流量,洪水期间提供了68%的流量。枯水期间主要由白尼罗河提供水量。两大支流流经不同的地形区,造成缓急不同的水势,形成沉积和冲刷交替变换的环境条件。白尼罗河上游有维多利亚大湖提供水源,在落差较大处均有湖面调节水位,供水量比较稳定,出山后地势比较平坦,水流比较平缓,它涨水时留下营养丰富的淤泥。青尼罗河除了源头的塔纳湖之外,沿途没有大湖调节,水位落差大,大水期间水流湍急,主要对泥土起到冲刷和搬运作用。

每年7月季风气候开始,印度洋季风带来大量水

[1] 〔德〕马克思:《资本论》第1卷,《马克思恩格斯全集》第23卷,人民出版社,1956年,第562页。

[2] 寒江:《青尼罗河流域的环境退化》,《AMBIO–人类环境杂志》(中文版)1994年第8期。

汽，将云层吹过埃塞俄比亚高原，在高原西侧形成大量降雨。尼罗河每年从 7 月（夏至前后）开始水位上升，通常从 8 月（大暑末）开始出现洪水，8 月中旬到 9 月末（处暑—白露—秋分）河水淹没河谷大部分底部，冲洗了土壤中的盐分，沉积了大片淤泥层，平均每百年增高几厘米。夏季增水期至 10 月末结束，进入减水期。10 月和 11 月水位降低，人们播种主要农作物，次年 1 至 4 月间作物成熟。4 至 6 月是尼罗河水位最低的时间。[1] 古埃及人一般根据洪水周期把全年分为三季，相当于现在的公历月份：

泛滥季：7—10 月

播种季：11—2 月

收获季：3—6 月

尼罗河水的季节性周期泛滥，为浸泡了数月的土地留下一层肥沃的淤泥；并且退水以后，一些高处的积水池塘为自流灌溉提供了水源，使得精耕细作的农业得以实现，因此这里成为人类文明的摇篮。正如希罗多德的名言"埃及是尼罗河的赠礼"。

[1] 刘文鹏：《古代埃及史》，商务印书馆，2000 年，第 13、15 页。

关于太阳历，古希腊历史学家希罗多德（约公元前485—前425年）记载了公元前6世纪埃及人自己的说法："埃及人在全人类当中第一个想出了用太阳年来计时的办法（即我们说的阳历），并且把一年的形成时期分成12部分。根据他们的说法，他们是从星辰而得到了这种知识的。在我看来，他们计年的办法要比希腊人的办法高明，因为希腊人每隔一年就要插进一个闰月才能使季节吻合，但是埃及人把一年分成各有30天的12个月，每年之外再加上5天，这样一来，季节的循环就与历法相吻合了。"他们还认定，是埃及人最初使用了12位神的名字，这些名字后来被希腊人采用了。[1]

公元前1世纪埃及托勒密王朝时期的一份纸草文献，描述了冬至和夏至节气与太阳历的收获季和泛滥季之间的关系[2]：

最长的一天，收获季第3个月的第10天……

[1] 刘文鹏：《古代埃及史》，商务印书馆，2000年，第629页。

[2] 颜海英：《古埃及黄道十二宫图像探源》，《东北师大学报（哲学社会科学版）》2016年第3期。

最短的一天，泛滥季第 1 个月的第 16 天往后 90 天……

最短的一天，泛滥季第 4 个月的第 16 天……

显然白昼“最长的一天”是夏至，“最短的一天”是冬至。古埃及天文历法中有黄道十二宫和三十六旬的概念，没有中国古历二十四节气的概念，但二十四节气对应于黄道十二宫的始点和中点，我们仍然可以使用二十四节气去分析埃及古历。为了便于比较和说明问题，我们把托勒密王朝的太阳历与中国的二十四节气（阳历因素）相对照：

泛滥季——自泛滥季第 1 天开始，历经三个半月（7 个节气 106 天）到冬至，那么自冬至前推 7 个节气，则泛滥季始于白露节。古埃及人所说的“泛滥季”和“最短的一天”，就是中国人所说的“白露”和“夏至”。下面为了行文方便，会经常使用“白露”和“夏至”，作为“泛滥季”和“最短的一天”的代名词。

收获季——自夏至前推 3 个月 1 旬，则收获季始于清明节后的第 6 天。

显然古埃及的季节也是参照二至点确定下来的，

二至点相当于黄道十二宫中的蝎子宫、水瓶宫的初度。尼罗河的泛滥是自然现象，受各种复杂因素影响，不可能固定地在某一天必然发生，但会有一个稳定的前后波动范围和中间节点，这个节点就是季节性因素——节气。冬至和夏至是最容易测定的节气（例如用计时器测昼夜长短），于是埃及人把泛滥季和收获季与冬、夏二至这两个节气点固定地联系在一起，我们不妨称之为“二至定点法”，这应该是当时的普通常识。

冬至和夏至是理想的天象，完全可以而且应该作为历法的起点，然而纸草文献并未显示二至有特殊的重要性。这可能与纸草文献所用历法是民间历法有关。如果仅仅有理想的天象，作为民间历法的历元是不够的。宗教历或者神历，主要用于指导祭祀和星占，可以不去考虑与生产直接相关的事项，民历则必须考虑对农业生产的指导意义。对于埃及人来说，就是必须与尼罗河的泛滥周期相联系。非常巧合的是，尼罗河的“泛滥”——最大流量的平均日期，几乎与白露节完全吻合，证明纸草文献是基于民历的记载，并且记载的泛滥季非常准确。

请看青、白尼罗河流量过程曲线图（图 36），图中显示尼罗河的泛滥主要由青尼罗河造成，青尼罗河的流量在夏至前后变化平缓，在秋分前后急剧变化并形成明显的窄峰；前者很难把握其变化节点，后者则拐点显著突出。青尼罗河在涨水初期流量曲线与白尼罗河近似，变化比较平缓，这可能是由于热带草原气候的平稳降水及上游的冰雪融化所造成的。进入 7 月份，季风气候到来，印度洋季风由东南吹向西北，吹过埃塞俄比亚高原，在青尼罗流域形成大量降水，但基本上影响不到白尼罗河流域。青尼罗河的流量在 8 月猛增，在 9 月上旬的白露前后达到顶峰（图 36），然后又急剧下降，这个拐点是很容易掌握的。

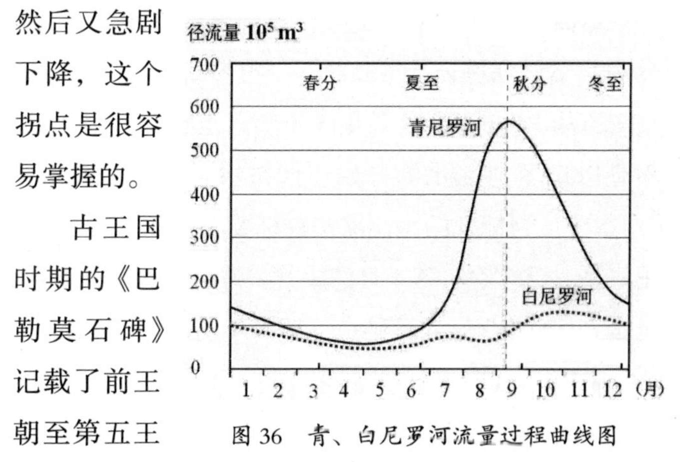

图 36　青、白尼罗河流量过程曲线图

古王国时期的《巴勒莫石碑》记载了前王朝至第五王

朝中期的王名和大事年表，每年纪事之后几乎都用“肘尺”“掌尺”“指寸”等记录尼罗河泛滥的高度。[1] 由此可见古埃及人把对尼罗河水量的观测，提高到国家大事的高度，他们可能很早就发现了最大水量与天象之间的关系。事实上尼罗河的泛滥并不是从最高水位开始的，在此之前早已泛滥多时了，为什么以此日作为“泛滥季”的开始呢？首先是最高水位是每一年的标志性事件，国王派有专人观测记录并载入史册，就像中国人的“春王正月”那样受到重视；其次是这一天太阳正好位于黄道天秤宫的中点（白露），与分至点有固定的整数倍关系，在天文上是一个比较理想的标志点。

然而，从这份纸草文献，我们得到的是三个不等长的季节，如图所示（图 37），很容易看出：托勒密太阳历的“收获季”经历了 5 个整月 150 天；“泛滥季”不是以尼罗河涨水为开始，而是以暴涨到最高水位（白露节）为标准的，比涨水时标要晚约 2 个月；冬至正好是“泛滥季”第 4 月的中气，并且冬至平气结束，也是“泛滥季”第 4 月结束，即一年的终点；那么“播

[1] 李晓东:《埃及历史铭文举要》，商务印书馆，2007 年，第 5 页。

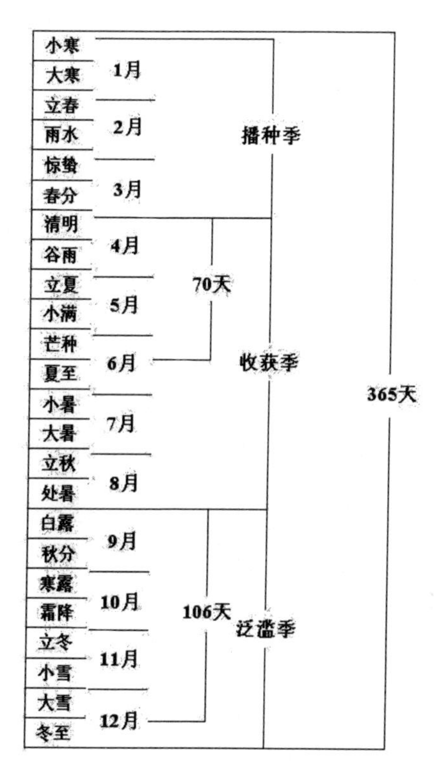

图 37　埃及托勒密王朝的太阳历

种季”就只有剩下的 3 个月了。作这样的调整可能是为了使冬至月出现在第 3 季的第 4 月。

这样的月序与现在通行的阳历（公历）月序（以 12 月为冬至月）是基本一致的，不同的是公历（格里高利历）立春月在 2 月，托勒密太阳历的立春月在 1 月。按照中国古代的“三正”之说，以 12 月为子月（冬至月），则正月在丑月，是“丑正”历法；周正建子、殷正建丑、夏正建寅，托勒密太阳历相当于中国的《殷历》，而中国的民间历法是《夏历》（寅正）。

公元前13世纪书写的象形文字12月名显示，三季的长度是相等的：第1季是播种季（佩雷特 Proyet），即冬季；第2季是收获季（舍毛 Shomu），即夏季；第3季是泛滥季（阿赫特 Akhet）。[1] 列如下（表13）：

表 13

季节	季节月序	象形文字	读音	全年月序
播种季（佩雷特）（冬季）	第1月		拖特	第1月
	第2月		发奥菲	第2月
	第3月		阿替尔	第3月
	第4月		乔亚克	第4月
收获季（舍毛）（夏季）	第1月		替必	第5月
	第2月		梅契尔	第6月
	第3月		发美诺特	第7月
	第4月		发美木替	第8月
泛滥季（阿赫特）	第1月		帕春	第9月
	第2月		配尼	第10月
	第3月		埃匹亚	第11月
	第4月		美索利	第12月

[1] 赵克仁:《浅谈古埃及的天文学》,《阿拉伯世界》1999年第3期。

这时期的历法，没有把泛滥季作为岁首，而是以播种季为岁首，泛滥季在历书的 9 月。如果泛滥季仍然以尼罗河最高水位（白露前后）为标志，那么历书岁首必在冬至末、小寒初。如果泛滥季以尼罗河开始涨潮（夏至前后）为标志，那么此时的历书岁首必在寒露末、霜降初。总之，此时的历法不是最早的历法。

下面来追溯以泛滥季（白露）为岁首的民间历法的历元。前引纸草文献记载了泛滥季与冬至、夏至之间的间隔距离，我们只需要一个冬至或夏至日期，就可以知道泛滥季的日期，再用历法回推计算法，将泛滥季（白露）恢复到岁首，就得到了“岁首泛滥季”或“岁首白露”的历元。

托勒密《至大论》记载说“夏至点大约发生在亚历山大死后的 463 年 12 月 11 日子夜后 2 小时或者 12 日”。[1] 这是一个有明确记载的夏至日期，即公元 139 年埃及太阳历 12 月 11 日夏至。纸草文献记载说“最长的一天，收获季第 3 个月的第 1 0 天……最短的一天，泛滥季第 4 个月的第 1 6 天往后 90 天……”，若

[1] 邓可卉：《希腊数理天文学溯源——托勒玫〈至大论〉比较研究》，山东教育出版社，2009 年，第 35 页。

按照“播种季（3 个月）—收获季（5 个月）—泛滥季（4 个月）”的结构排序，冬至为 12 月 16 日，夏至为 6 月 10 日。这个夏至与公元 139 年夏至相差 6 个月，即 180 天，它们之间的年代间隔为：

180/0.2422 ≈ 743（年）

即纸草文献记载的是公元前 743–139 = 604（年）的实际情况。而这年的泛滥季距离冬至有 3 个月 1 6 天，相当于 7 个节气，因此就是白露节，正好是 9 月 1 日。

泛滥季（白露）恢复到岁首，所需年代间隔为：

（30 × 9+1）/0.2422 ≈ 1119（年）

故岁首泛滥季（白露）的年代为公元前

1120+604 = 1724（年）

处于第二中间期都于孟斐斯的第十三王朝（公元前 1785—前 1650）时期。这就是人们耳熟能详的以“尼罗河泛滥”为新年开始的太阳历，或称“岁首白露”的历法。

九、古埃及的神历

蝎子王颁布的历法以新月为岁首，应是太阴历，即宗教历法，这部历法以“秋分 – 新月 – 五星聚会”为历元，没有考虑“天狼星偕日升”同时发生的问题。这可能是原始状态的神历，没有充分考虑“旬星始见”的重要性。

有一种流行说法，认为埃及太阳历以“天狼星偕日升”和“尼罗河泛滥”同时发生的那一天作为新年的第一天，这种说法甚至达到了人们耳熟能详的地步，但这是错误的，错误的根源在于把埃及民历和神历这两种历元混淆在一起了。这两种自然现象同时发生在埃及文明史上从来就没有过，并且在最近一个岁差周期（25800 年）内，只有在公元 3500 年后才会发生一次泛滥季始见天狼的现象，历史上没有过这样的机会。

天文学家们相信，历史上天狼星偕日升时，有一次与夏至巧合的机会，因而埃及人把夏至规定为新年岁首。例如著名考古天文学家、洛杉矶的格里菲思天文台（Griffith Observatory）台长E. C. 克鲁伯（E. C. Krupp）曾经写道："尼罗河洪水泛滥，才可能使埃及有了文明……（他们）认为天狼星偕日升很重要，以至于他们以此来标志新年的开始。甚至使人无话可说的事实是，偕日升的天狼星和尼罗河涨潮大概与夏至巧合。"另一位天文学家詹姆斯·科纳尔（James Keeler）也持同样见解："从人类第一次在尼罗河谷定居的那个时候起，他们生存的最重要的周期性事件就是每年的河水泛滥……这种循环事件，对于建立埃及文明至关重要……天狼星首次大约在夏至的早晨天空中出现，大约在尼罗河水泛滥的同时。"[1]

天文学家们的直觉是正确的，如果仅有尼罗河泛滥的周期现象，没有天文背景和天象启示，埃及文明何时诞生还是个未知数，只有把地上的周期与天上的周期结合起来才能催生文明。E. C. 克鲁伯提到"尼罗

[1] 〔英〕罗伯特·包维尔、埃德里安·吉尔伯特：《猎户座之谜》，冯丁妮译，海南出版社，2000年，第154—155页。

河涨潮”与夏至巧合，这一点是非常正确的，前文我们讨论过“尼罗河泛滥”或称“暴涨”在白露节的情况，那是以“岁首白露”为起点的历法。也就是说有两种尼罗河周期，一种是“涨潮”周期，发生在夏至前后；一种是“暴涨”周期，发生在白露前后。这两个周期只有一种可能与天狼星偕日升相联系，因为在一年内天狼星只有一次始见的机会，不可能既在白露前后，又在夏至前后；但是作为岁首，白露和夏至均有可能，从而制定出两种历元的历法。一种历元是以尼罗河“暴涨”为岁首的太阳历（民历），历法学上可称之为“岁首白露”，本书已有详细讨论。另一种历元是以尼罗河“涨潮”为岁首的宗教历（神历），历法学上可称之为“岁首夏至”。

下面来追溯以天狼星偕日升为岁首的宗教历法的历元。我们对历元天象进行追溯计算，看看“天狼星偕日升”或者“天狼始见”与节气同时发生在历史上的什么年代。

查 SkyMap 天象软件，采集天狼星自公元前3500—前 2300 年期间的赤经（ α ）赤纬（ δ ），每隔 50 年采集一组位置数据。据球面天文学公式

$$\sin\beta = \cos\varepsilon \sin\delta - \sin\varepsilon \cos\delta \sin\alpha$$

$$\cos\beta \cos\lambda = \cos\delta \cos\alpha$$

算出天狼星在历史上的黄纬（β）和黄经（λ）位置。按照天狼星隐没期为70天的说法，它始见的位置与偕升太阳的距离为黄经35°，把天狼星的黄经加上35°就得到偕升太阳的黄经，一并列入下表（表14）。

表 14

单位（°）

公元前	天狼星位置			偕太阳	公元前	天狼星位置			偕太阳
	α	δ	λ	黄经		α	δ	λ	黄经
2300	54.172	–20.236	45.31	80.31	2950	47.157	–22.338	36.464	71.464
2350	53.636	–20.381	44.633	79.633	3000	46.623	–22.511	35.793	70.793
2400	53.098	–20.534	43.957	78.957	3050	46.084	–22.691	35.113	70.113
2450	52.552	–20.69	43.27	78.27	3100	45.54	–22.873	34.428	69.428
2500	52.014	–20.841	42.595	77.595	3150	45.005	–23.052	33.756	68.756
2550	51.479	–20.999	41.921	76.921	3200	44.468	–23.237	33.079	68.079
2600	50.934	–21.162	41.216	76.216	3250	43.923	–23.426	32.393	67.393
2650	50.394	–21.321	40.538	75.538	3300	43.387	–23.61	31.719	66.719
2700	49.86	–21.484	39.866	74.866	3350	42.852	–23.8	31.045	66.045
2750	49.317	–21.654	39.181	74.181	3400	42.307	–23.995	30.358	65.358
2800	48.775	–21.82	38.501	73.501	3450	41.768	–24.187	29.681	64.681
2850	48.242	–21.988	37.83	72.83	3500	41.234	–24.381	29.009	64.01
2900	47.7	–22.163	37.147	72.147					

上表显示，公元前 3500—前 2300 年的 1200 年间，偕日升的太阳黄经从 64º 到 80.3º，即从二十四节气的小满（60°）到夏至（90°）之间，主要分布在芒种（75°）前后，时间不超过一个月，而离尼罗河泛滥季（白露 165°）相差三个月左右。这表明天狼星偕日升在早期埃及历史上只发生在夏至前的芒种节前后，不可能发生在秋分前的白露节（泛滥季）前后，从天狼星始见，到尼罗河泛滥，中间相差一个季度（三个月）。当天狼星的视运动按恒星周期运转时，泛滥季（白露）也在按回归周期运转，两者近似在平行移动，在人类社会有限的历史时期内没有靠近的可能。

为了直观地说明问题，我们把采集到的数据扩充至公元前后，并制成坐标轨迹图：以黄经为横坐标，以年代为纵坐标，画出与天狼星偕升的太阳黄经轨迹图（图 38）。

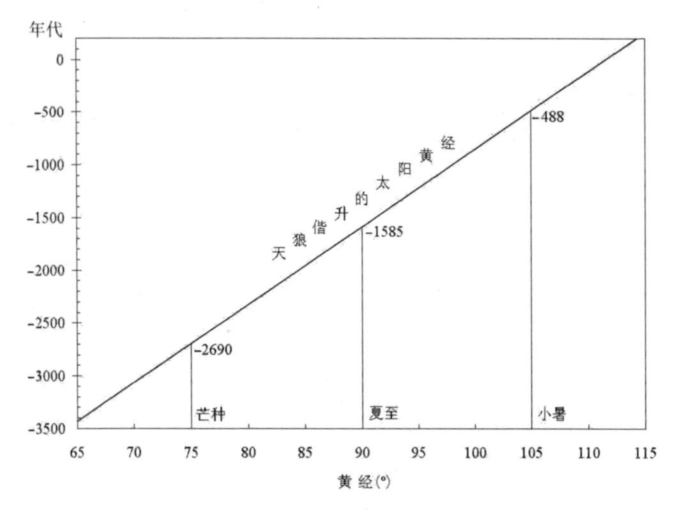

图 38 与天狼星偕升的太阳黄经

图中显示自公元前3500年以来至公元前后，与天狼星偕升的太阳黄经分布在“芒种—夏至—小暑”前后，这三个节气点偕升的年代分别为（表15）：

表 15

太阳节点	太阳黄经	黄道十二宫	天狼偕升的年代
芒种	75°	第3宫中点	公元前2690年
夏至	90°	第4宫始点	公元前1585年
小暑	105°	第4宫中点	公元前488年

上述结论是采集天狼星历史位置数据列成表格，然后内插计算得到的，我们把这一方法称为“表格计算法”。

从尼罗河流量过程曲线图上（图 36）可以知道，夏至前后是尼罗河开始涨水的时期，但是水位上升非常平缓，几乎找不到水量变化的明显拐点。在这种情况下，利用太阳位置决定“涨潮”开始日期就是一种很好的解决办法，埃及人拥有成熟的旬星观察技术和发达的几何学知识，这使他们很容易测定太阳位置，尤其是黄道十二宫中那些与天狼星偕日升相关的标志点，对埃及人来说应是比较熟悉的，例如夏至是狮子宫的起始点，选择这个节点作为岁首，可能代表了神历的一次改历过程。

这次改历在公元前 1585 年，此时是中王国时期，埃及处于分裂状态，中、下埃及被来自西亚的外族喜克索斯人所统治，而在上埃及的底比斯兴起了第十七王朝（公元前 1600—前 1554 年），第十七王朝的统治者最后赶走了喜克索斯人，重建恢复了统一的埃及王国。第十七王朝的建立者对神历进行了改革，这时恰好碰上“夏至天狼星始见”的罕见天象，这是非常理想的历元，为了使这一历元更加理想，人们把尼罗河“涨潮”的开始日期，确定在“夏至”，于是形成了完美的“岁首夏至－尼罗河涨潮－天狼星始见”三合一新年。这应是第十七王朝的统治者重建统一后，为了维护和巩固统一政权采取的重要举措。

其他二分二至日期，是否可能与天狼星偕日升同时呢？不能想当然地认为这样的事情已经发生，必须进行科学的计算。前文我们在适当年代范围内采集了天狼星的位置数据进行了计算，现在改变计算方法，不再采集天狼星数据，而是直接根据公式计算远距历元的黄经总岁差，把这个差值加在现代（J2000.0）与天狼偕升的太阳黄经上，就得到历史上偕升太阳黄经的系列值。

首先计算现代（J2000.0）与天狼星偕升的太阳黄经。查 SkyMap 知天狼星位置（J2000.0）：

赤经 $\alpha = 101^{\circ}.2872$

赤纬 $\delta = -16^{\circ}.7161$

据球面天文学公式

$\sin\beta = \cos\varepsilon \ \sin\delta - \sin\varepsilon \ \cos\delta \ \sin\alpha$

$\cos\beta \ \cos\lambda = \cos\delta \ \cos\alpha$

算得天狼星黄纬 $\beta = -39^{\circ}.6052$，黄经 $\lambda = 104^{\circ}.0817$。按照天狼星隐没 70 天、始见距日 35°（黄经）的规则，现在天狼星偕日升时，

偕升太阳黄经＝ $104^{\circ}.0817+35^{\circ} = 139^{\circ}.0817$

例如，求夏至日（黄经 90°）天狼星偕日升的年代，现在天狼偕升的太阳黄经与夏至太阳黄经之差为

$139.08^{\circ}-90^{\circ} = 49.08^{\circ}$

这个差值可以理解为古今两个夏至天狼始见年代的黄经总岁差，依据黄经总岁差年代变化线（图 6）内插，可求得总岁差 49.08° 对应的年代为公元前 1541 年。于是以现在的偕太阳黄经减去黄经总岁差，即得历史年代的偕太阳黄经。依此原理，可以把黄经总岁差的年代数据表，转换为天狼星偕升的太阳黄经及其年代数据表（表 16）。

表 16

单位（°）

年代	偕升黄经	年代	偕升黄经	年代	偕升黄经	年代	偕升黄经	年代	偕升黄经
17500	362.99	12000	281.86	6500	202.57	1000	125.14	–4500	49.584
17000	355.54	11500	274.57	6000	195.45	500	118.2	–5000	42.808
16500	348.1	11000	267.3	5500	188.35	0	111.27	–5500	36.048
16000	340.68	10500	260.05	5000	181.27	–500	104.35	–6000	29.303
15500	333.28	10000	252.81	4500	174.2	–1000	97.45	–6500	22.573

续表

年代	偕升黄经	年代	偕升黄经	年代	偕升黄经	年代	偕升黄经	年代	偕升黄经
15000	325.88	9500	245.59	4000	167.14	–1500	90.566	–7000	15.859
14500	318.51	9000	238.38	3500	160.11	–2000	83.697	–7500	9.1606
14000	311.15	8500	231.19	3000	153.08	–2500	76.843	–8000	2.4777
13500	303.8	8000	224.01	2500	146.07	–3000	70.005	–8500	–4.19
13000	296.47	7500	216.85	2000	139.08	–3500	63.183		
12500	289.16	7000	209.7	1500	132.1	–4000	56.376		

将表中数据表现为天狼始见的太阳黄经轨迹图（图 39），它表示了在最近一个岁差周期（25800 年）内天狼星偕日升与季节的关系，季节用太阳的偕升黄经来表示。

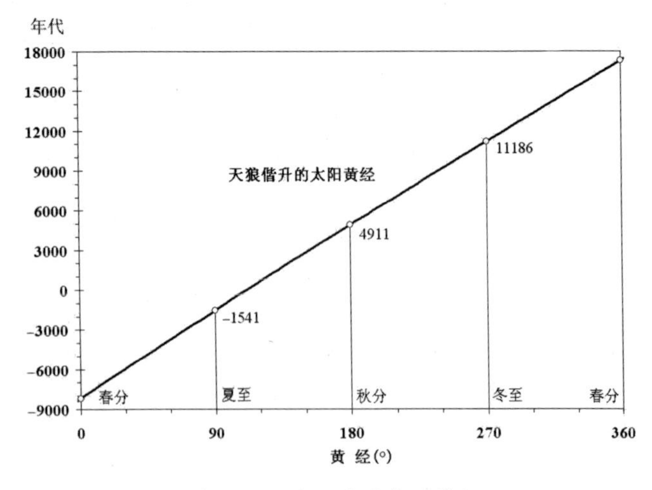

图 39　天狼始见的太阳黄经

二分二至点分别是黄道第 1 宫、第 4 宫、第 7 宫、第 10 宫的始点，理论上只要它们与“天狼始见”同步，都可以作为理想历元。我们在上所列示图表的基础上，进一步利用公式计算，误差精确到一年以内，得到分至点与天狼星偕日升的年代如下（表 17）：

表　17

太阳节点	太阳黄经	黄道十二宫	天狼偕升的年代
春分	0°	第 1 宫始点	公元前 8186 年
夏至	90°	第 4 宫始点	公元前 1541 年
秋分	180°	第 7 宫始点	公元 4911 年
冬至	270°	第 10 宫始点	公元 11186 年
春分	360°	第 12 宫终点	公元 17299 年

上述结论是利用黄经总岁差公式进行理论计算得到的结果，我们把这一方法称为“公式计算法”。这与前面的采集天狼星数据而进行的“表格计算法”，是两种不同的方法。公式算法是表格算法的一种近似。公式算法可以计算任一年代的黄经总岁差，从而得到所求偕太阳的黄经，简便快捷。但它仅在起始点（J2000.0）考虑了天狼星的位置，全部数据都是太阳位置的变化，不再与天狼星位置直接关联。事实上太阳位置只有经向变化，没有纬向变化，即太阳只在黄

道上运行，黄纬恒为零；而天狼星除了黄经变化之外，其黄纬亦随年代而略有改变，这个微小变化并不能在黄经总岁差公式中得到反映。天狼星始见不仅与太阳的黄道位置相关，也与它自身的岁差位置改变有关，因此公式算法的结果与表格算法存在小量的差异。例如，关于夏至天狼星偕日升的年代，利用插值表格算得公元前 1585 年，利用公式计算为公元前 1541 年，两者相差 44 年。相对于千年以上的恢复周期而言，这个差值是很微小的，因而可以把公式算法看作是表格算法的一种很好的近似。

基于上面的分析，我们在进行追溯历元的计算时，要采集科学数据进行表格插值计算；在讨论问题的性质或存在性、可能性时，没有必要采集数据，利用公式进行近似计算就可以解决问题。

我们的计算表明，在人类文明起源和发展的早期阶段，天文背景并没有提供“分至始见天狼”的特殊天象，我们难以通过这些天象去追寻埃及古历的起源。仅在公元前 16 世纪末发生过一次“夏至始见天狼”的现象，古埃及文明已发展到很高成就，离起源阶段已有 1000—2000 年的距离。

十、余 论

我们来总结一下埃及古代历法起源和发展的基本线索：

公元前 3143 年，前王朝末期蝎子王根据"新月－秋分－五星聚会"的特殊天象，制定了埃及最早的以新月为岁首的历法；他是神王朝的最后统治者。这部历法得到出土文物、传世文献和天文历法计算三大证据的互相印证，它是后来埃及神历和民历的共同起源。

公元前 1724 年，建都于孟斐斯的第十三王朝制定了第一部以"尼罗河泛滥"为岁首的太阳历。从纸草文献记载泛滥季与夏至的距离可知，古埃及的"泛滥季"开始于秋分前半个月的白露——尼罗河最高位置的平均日期，于是形成了"历法岁首－尼罗河泛滥"同步的民间历法。我们利用历法回推计算的方法，把纸草文献记载的“泛滥季”恢复到岁首，追溯得到了这个历元。

公元前1585年，上埃及底比斯的第十七王朝制定了以“夏至始见天狼”为岁首的神历。第十七王朝的统治者赶走了外族喜克索斯人，恢复了埃及的统一，并重新颁布历法，以维护和巩固统一的政权。为了使尼罗河周期与天象周期同步，第十七王朝的统治者把夏至作为尼罗河涨潮的开始，实现了“历法岁首－夏至涨潮－天狼始见”三合一新年。我们通过采集天狼星数据，使用表格内插法，计算得到了这个历元。

简单地说，埃及民历是以尼罗河泛滥为岁首的太阳历，神历是以天狼星偕日升为岁首的太阴历。埃及古代历法很早以来一直保持着民间历法（民历）和宗教历法（神历）并行的传统。民历以尼罗河泛滥（白露）为历元，此后听任泛滥季超出历法年的长度而离开岁首，直到千年周期后恢复原貌。神历以“旬星（天狼）始见”为历元，选择尼罗河涨潮（夏至）期与天狼星周期同步。我们认为这两种历法的并行，可能与上、下埃及的相对独立性有关。古埃及王国具有联邦的性质，国王是两个邦盟集团的唯一元首，他们各有自己的历法和行政官僚体系。上埃及是宗教的策源地，对尼罗河的涨潮现象非常敏感，故此行用“岁首夏至”的历法。建都于上埃及底比斯的第十七王朝于公元前 1585 年行用的以“夏至始见天狼”为岁首的历法就是神历。下埃及是人王朝的策源地，对尼罗河的暴涨和泛滥感受深切，故此行用“岁首白露”的历法。建都于下埃及孟斐斯的第十三王朝于公元前 1724 年行用的以“尼罗河泛滥”为岁首的太阳历就是民历。

在人类文明的历史上，最先发展起来的自然科学是天文学。伟大的革命导师恩格斯在其不朽的名著《自然辩证法》中指出：“必须研究自然科学各个部门的顺序的发展。首先是天文学——游牧民族和农业民族为了定季节，就已经绝对需要它。”也就是说在有文字产生以前，在阶级和国家形成以前，游牧民族和农业民族为了确定季节（原始历法），就已经建立起早期的天文学。埃及的宗教历法，本身功能是建立“旬星”始见和值日系统，以指导祭祀和星占等宗教和迷信活动，然而它同时也要考虑与尼罗河“涨潮”的关系，修订神历的目的就是建立起“天狼始见”与尼罗河“涨潮”同步的关系。这说明了即使是神历也有“定季节”的需要。无可否认的事实是，大量的历法实践与改革都与宗教有关，在一定程度上也可以说宗教历法起源于祭祀，民间历法起源于生产劳动，而天文学起源于宗教祭祀和生产劳动两大需要。

人们在创造物质文明的同时也在创造精神文明，后者包括信仰、知识和其他精神产品，因而有宗教考古、知识考古学等方法探讨史前的精神文明。本书运用考古天文学方法，探讨上古天文学的起源和发展。我们简要概述了古埃及文明的宗教信仰部分，其知识部分包括以太阳历为代表的天文历法知识，以木乃伊为代表的医学和防腐知识，以金字塔为代表的几何、测量和建筑学知识，以尼罗河灌溉技术为代表的农业水利知识，等等，构成古埃及文明的知识体系。在知识方面中国远古文明创造了哪些成就，我们至今还不很清楚，无法与古埃及文明相比拟。考古发现的埃及象形文字、壁画、浮雕和工艺品等是精神文化产品。早期人类社会，人们的宗教观念对文化传统起着某种决定性的作用，精神文化产品反映人们的信仰观念和知识水平，而知识系统具有一定的客观性，往往会影响到人们的思想观念和信仰层面，甚至在某种程度上决定人们的行为方式。不能只看到物质决定精神的作用面，而忽视了精神文化对实践的指导意义。天文历法对早期社会的生产和生活所发挥的重要作用就是很好的例证。

参考文献

专著

[1]〔埃及〕阿·费克里:《埃及古代史》,科学出版社,1956年。

[2]〔埃及〕米利亚大学美术学院(Faculty of Fine Arts):《德国–埃及保护与修复会议记录》(*Proceedings of the German-Egyptian Conference on Conservation and Restoration*),米利亚大学(Minia University),2005年。

[3] 本书编辑委员会:《中国大百科全书·天文学》,中国大百科全书出版社,1980年。

[4] 陈久金:《天文学简史》,科学出版社,1985年。

[5]〔德〕G. D. 罗斯主编:《天文学手册》,科学出版社,1985年。

[6]〔德〕马克思:《资本论》第1卷,《马克思恩格斯全集》第23卷，人民出版社，1956年。

[7] 东北师范大学世界古典文明史研究所编著:《世界诸古代文明年代学研究的历史与现状》，世界图书出版公司，1999年。

[8]〔法〕C. 弗拉马里翁:《大众天文学》第1分册，李珩译，科学出版社，1966年。

[9]〔法〕G. 伏古勒尔:《天文学简史》，李珩译，广西师范大学出版社，2003年。

[10] 刘家和:《世界上古史》，吉林人民出版社，1979年。

[11] 刘文鹏:《古代埃及史》，商务印书馆，2000年。

[12] 李晓东:《埃及历史铭文举要》，商务印书馆，2007年。

[13]〔美〕L. G. 塔夫:《计算球面天文学》，凌兆芬、毛昌鉴译，科学出版社，1992年。

[14]〔美〕艾伦（J. P. Allen）:《古埃及金字塔铭文》（*The Ancient Egyptian Pyramid Texts*），圣经文献协会（Society of Biblical Literature，Atlanta），亚特兰大，2005年。

[15] 马文章:《球面天文学》, 北京师范大学出版社, 1995 年。

[16] 沐涛、倪华强:《失落的文明: 埃及》, 华东师范大学出版社, 1999 年。

[17] 南京大学天文系:《全天恒星表》, 南京大学出版社, 1972 年。

[18] 宣焕灿:《天文学史》, 高等教育出版社, 1992 年。

[19] 夏一飞、黄天衣:《球面天文学》, 南京大学出版社, 1995 年。

[20] 〔英〕李约瑟:《中国科学技术史: 天学》第 4 卷, 科学出版社, 1975 年。

[21] 〔英〕罗伯特·包维尔、埃德里安·吉尔伯特:《猎户座之谜》, 冯丁妮译, 海南出版社, 2000 年。

[22] 〔英〕米歇尔 · 霍金斯:《剑桥插图天文学史》, 江晓原等译, 山东画报出版社, 2003 年。

[23] 叶叔华主编:《简明天文学词典》, 上海辞书出版社, 1986 年。

[24] 竺可桢:《竺可桢文集》, 科学出版社, 1979 年。

[25] 中国天文学史整理研究小组:《中国天文学史》, 科学出版社, 1981 年。

[26] 中国科学院紫金山天文台:《2000 年中国天文年历》，科学出版社，1999 年。
[27] 邓可卉:《希腊数理天文学溯源——托勒玫〈至大论〉比较研究》，山东教育出版社，2009 年。

论文

[1] 陈春红、张玉坤:《一个时空观念的表达——论吉萨金字塔的天文与时空观》,《建筑学报》2011 年第 S1 期(学术专刊)。
[2] 邓可卉:《托勒密〈至大论〉研究》，西北大学博士学位论文，2005 年。
[3] 黄庆娇、颜海英:《〈金字塔铭文〉与古埃及复活仪式》,《古代文明》2016 年第 4 期。
[4] 郭丹彤:《古代埃及年代学研究的历史与现状》,《世界诸古代文明年代学研究的历史与现状》，世界图书出版公司，1999 年。
[5] 郭丹彤:《沙巴卡石碑及其学术价值》,《世界历史》2009 年第 4 期。
[6] 郭丹彤:《纳尔迈调色板和古代埃及统一》,《历史研究》2000 年第 5 期。

[7] 郭子林:《论古埃及早期王室墓葬与早期王权》,《西亚非洲》2010年第9期。
[8] 寒江:《青尼罗河流域的环境退化》,《AMBIO-人类环境杂志》(中文版)1994年第8期。
[9] 金寿福:《古代埃及早期统一的国家形成过程》,《世界历史》2010年第3期。
[10] 金寿福:《文化传播在古代埃及早期国家形成过程中所起的作用》,《社会科学战线》2003年第6期。
[11] 李模:《论古代埃及的奥西里斯崇拜》,《贵州社会科学》2013年第2期。
[12] 李晓东:《古埃及年代学——材料、问题与框架》,《世界诸古代文明年代学研究的历史与现状》,世界图书出版公司,1999年。
[13] 李晓东:《古埃及王衔与神》,《东北师大学报(哲学社会科学版)》2003年第5期。
[14] 令狐若明:《古埃及天文学考古揭示的辉煌成就》,《大众考古》2015年第6期。
[15] 莫海明、周继舜:《古典天文测时工具——日晷(sundial)溯源、结构装置及运用》,《广西师范

学院学报（自然科学版）》2002 年第 1 期。

[16] 刘文鹏:《古代埃及的蛇的崇拜与传说》,《内蒙古民族师院学报（社科汉文版）》1989 年第 4 期。

[17] 刘文鹏:《古代埃及的早期国家及其统一——兼评〈关于埃及国家的诞生问题〉》,《世界历史》1985 年第 2 期。

[18] 〔美〕拉斯卡（J. Laskar）:《利用一般理论结果的经典行星理论的长期项》（*Secular Terms of Classical Planetary Theories Using the Results of General Theory*）,《天文学和天体物理学》（*Astronomy & Astrophysics*）1986 年第 157 期。

[19] 〔美〕E. C. 克鲁普:《重新认识过去——威灵的金字塔、沉没的陆地和古代太空人》,《科学与怪异》（文集），中国科普研究所译，上海科学技术出版社，1989 年。

[20] 孙厚生:《古代埃及年代学和王表》,《东疆学刊》1986 年第 1 期。

[21] 田天:《藉由“格尔塞调色板”对〈金字塔文〉中“天空的公牛”的考察》,《燕园史学》，辽宁人民出版社，2016 年。

[22] 阴玺:《俄赛里斯——古埃及的冥神和丰产神》,《西北大学学报(哲学社会科学版)》1992 年第 3 期。
[23] 袁珍:《金字塔铭文中的奥西里斯神话》,复旦大学硕士学位论文,2012 年。
[24] 颜海英:《古埃及黄道十二宫图像探源》,《东北师大学报(哲学社会科学版)》2016 年第 3 期。
[25] 杨柳凌、袁指挥:《古埃及历法漫谈》,《吉林华侨外国语学院学报》2004 年第 1 期。
[26] 赵克仁:《浅谈古埃及的天文学》,《阿拉伯世界》1999 年第 3 期。